INSTITUT DE FRANCE.

CENTENAIRE DE LA NAISSANCE

DE

U.-J.-J. LE VERRIER

PARIS,

GAUTHIER-VILLARS, IMPRIMEUR-LIBRAIRE

DU BUREAU DES LONGITUDES, DE L'ÉCOLE POLYTECHNIQUE,

Quai des Grands-Augustins, 55.

—

1911

INSTITUT.
1912. — 14.

CENTENAIRE DE LA NAISSANCE

DE

U.-J.-J. LE VERRIER.

1811-1877.

INSTITUT DE FRANCE.

CENTENAIRE DE LA NAISSANCE

DE

U.-J.-J. LE VERRIER

PARIS,

GAUTHIER-VILLARS, IMPRIMEUR-LIBRAIRE

DU BUREAU DES LONGITUDES, DE L'ÉCOLE POLYTECHNIQUE,

Quai des Grands-Augustins, 55.

—

1911

Statue de Le Verrier, par Chapu,
élevée en 1889 dans la cour du Nord de l'Observatoire de Paris.

A LA MÉMOIRE

DE

U.-J.-J. LE VERRIER,

LES MEMBRES ET LES CORRESPONDANTS NATIONAUX DE L'ACADÉMIE DES SCIENCES DE L'INSTITUT DE FRANCE;

LES ASTRONOMES DES OBSERVATOIRES DE PARIS ET DE MEUDON;

LES ASTRONOMES DES OBSERVATOIRES D'ALGER, BESANÇON, BORDEAUX, LYON, MARSEILLE, NICE, TOULOUSE;

LES MEMBRES DU BUREAU CENTRAL MÉTÉOROLOGIQUE ET LES MÉTÉOROLOGISTES FRANÇAIS.

Témoignage de leur admiration pour l'illustre Astronome et Météorologiste, à l'occasion du centenaire de sa naissance.

CENTENAIRE DE LA NAISSANCE

DE

U.-J.-J. LE VERRIER

A l'occasion du centenaire de la naissance de Le Verrier, l'Académie des Sciences a décidé l'impression de divers documents relatifs à la vie et à l'œuvre de l'illustre astronome.

Ces documents ont été communiqués presque tous par Mme L. Magne, fille de Le Verrier. De son côté, M. le Prof. Dr H. Galle a bien voulu laisser reproduire en fac-simile la lettre historique écrite à son père J. G. Galle par Le Verrier, pour l'engager à chercher la planète qui troublait Uranus.

I.

JEUNESSE DE LE VERRIER.

Acte de naissance de Le Verrier.

L'an mil huit cent onze, le douze du mois de mars, à six heures du soir, par devant nous, Michel-Foucher Labrasserie, adjoint au maire de la ville de Saint-Lô, faisant les fonctions d'officier de l'état-civil de la même ville, département de la Manche,

Est comparu le sieur Louis-Baptiste Le Verrier, surnuméraire dans l'administration des domaines, âgé de trente et un ans, né à Carentan, demeurant en cette ville, rue du Neufbourg, même section, fils du sieur Jean-Baptiste Le Verrier et de feue Marie Morel, nés à Carentan et à Sebville ;

Lequel nous a déclaré que le jour d'hier, à dix heures du matin, la dame Marie-Jeanne-Joséphine-Pauline de Baudre, son épouze, âgée de vingt-six ans, née à Baudre, fille de feu Jean-Baptiste de Baudre et de feue Jeanne Dufayel, nés à Baudre et à Saint-Thomas-de-Saint-Lô, est accouchée d'un enfant du sexe masculin qu'il nous présente, et auquel il déclare donner les prénoms d'*Urbin-Jean-Joseph*. Les dittes déclaration et présentation faittes en présence des sieurs Jean-Francois-Joseph Beaufils et François-Joseph Grou, âgés de trente-huit ans, le premier emploié et le second secrétaire de la mairie, tous deux demeurant en cette ville et ont les père et témoins signé avec nous après lecture.

Le Verrier, Grou, Beaufils, Foucher.

Maison natale de Le Verrier.

Éducation de Le Verrier.

Élève au Collège communal de Saint-Lô, puis au Collège royal de Caen, Le Verrier, après deux années de Mathématiques spéciales, se présente aux examens de l'École Polytechnique : il échoue. Son père se décide à l'envoyer à Paris, à l'Institution Mayer, et, pour subvenir aux frais, vend sa maison.

Après un an d'études sous la direction de Choquet, Le Verrier obtient au Concours général le second prix de Mathématiques spéciales et entre à l'École Polytechnique en 1831.

II.

DÉBUT DE LA CARRIÈRE SCIENTIFIQUE DE LE VERRIER.

Le Verrier chimiste.

Le Verrier sort de l'École Polytechnique et devient aussitôt élève ingénieur des Tabacs. Pendant deux ans, il suit les cours de l'École d'application du quai d'Orsay, puis publie deux Mémoires sur les combinaisons du phosphore avec l'hydrogène (2) (¹) et avec l'oxygène (3).

Il épouse Mlle Choquet en 1837.

Son stage à Paris étant terminé, il fallait accepter un poste en province : il donne alors sa démission et subvient aux besoins de sa famille en donnant des répétitions de mathématiques et en professant au Collège Stanislas.

Le Verrier astronome.

En 1837, deux postes de répétiteur à l'École Polytechnique se trouvent vacants, l'un pour la Chimie, l'autre pour l'Astronomie; le

---

(¹) Les numéros ainsi placés entre ( ) sont ceux des Mémoires correspondants, dont les titres sont donnés dans la liste ci-après des *Publications de Le Verrier*, p. 93 et suiv.

premier ayant été obtenu par Regnault, Le Verrier demande et obtient le second ; et, avec une facilité surprenante, il change complètement l'orientation de ses travaux.

Suivant l'expression de Dumas, l'héritage de Laplace était libre ; Le Verrier en prend hardiment possession, et presque aussitôt il publie son premier Mémoire d'Astronomie (4, 8 et 9), où il traite de la stabilité du Système du Monde : sur un rapport fait par Liouville, au nom d'une Commission académique dont Arago était membre, l'Académie des Sciences approuva ce travail et en décida l'impression dans le *Recueil des Savants étrangers*.

Cet honneur, justement recherché, met Le Verrier en évidence parmi les astronomes, et, dès 1841, on songeait à lui comme membre du Bureau des Longitudes; cela résulte de la lettre suivante écrite, le 25 janvier 1841, par J.-B. Biot au président du Bureau, alors L. de Freycinet :

> Mon cher Confrère,
>
> Depuis notre dernière séance j'ai appris sur M. Le Verrier des détails qui m'étaient inconnus et qui peuvent l'être aussi à d'autres membres du Bureau. M. Le Verrier a 29 ans, est marié, a un enfant, et n'ayant pour vivre que sa petite place de répétiteur à l'École Polytechnique, il est obligé chaque jour de donner à des leçons particulières une portion du temps et des forces qu'il emploierait si bien, comme avec tant d'ardeur, au perfectionnement de l'Astronomie théorique. N'y aurait-il pas une sorte de barbarie à le laisser dans cette situation, pour gratifier un homme déjà âgé, qui n'a rendu aucun service à l'Astronomie et dont le sort est assuré dans une carrière toute différente? Ne serait-ce pas dénaturer l'institution du Bureau des Longitudes que d'agir ainsi, et est-ce là l'exemple que nous ont donné nos prédécesseurs? Je soumets cette question à votre conscience comme à vos lumières.
>
> Votre dévoué Confrère,
>
> J.-B. BIOT.

Le Verrier, qui ne fut pas élu, n'en continua pas moins avec ardeur ses recherches astronomiques : son premier Mémoire spécial sur Mercure (14) est de la même année 1841 ; l'année suivante, il s'occupe des perturbations d'Uranus (18, 19) et se trouve une première fois en contradiction avec Delaunay, ce qui devait se reproduire bien souvent dans la suite.

Pendant quelque temps, il abandonne cette planète pour s'occuper de nouveau de Mercure (20, 21, 22, 24, 25, 31, 34, 35, 36, 37), puis de Pallas (23) et de diverses comètes (27, 28, 29, 30, 32, 33); mais, en 1845, il revient à Uranus (38).

III.

DÉCOUVERTE DE NEPTUNE.

La discordance entre les positions calculées d'Uranus et les positions observées, préoccupaient vivement les astronomes « qui, dit Le Verrier, ne sont pas accoutumés à de pareils mécomptes ».

Dans le courant de l'été dernier, ajoute-t-il (38) le 10 novembre 1845, M. Arago voulut bien me représenter que l'importance de cette question imposait à chaque astronome le devoir de concourir, autant qu'il était en lui, à en éclaircir quelque point. J'abandonnai donc momentanément, pour m'occuper d'Uranus, les recherches que j'avais entreprises sur les comètes, et dont plusieurs fragments ont déjà été communiqués. Telle est l'origine du travail que j'ai l'honneur de présenter à l'Académie.

Il montre que, dans le calcul des perturbations produites par Jupiter et par Saturne sur Uranus, on avait négligé des termes nombreux et très notables, ce qui rendait impossible la représentation exacte du mouvement de la planète troublée. Ayant d'ailleurs reconnu d'autres causes d'erreurs dans les Tables de cette planète, il calcule à nouveau les perturbations d'Uranus, et montre ainsi « qu'il y a incompatibilité formelle entre les observations d'Uranus et l'hypothèse que cette planète ne serait soumise qu'aux actions du Soleil et des autres planètes, agissant conformément aux principes de la gravitation universelle ».

Cela fait ([1]), il passe successivement en revue les diverses causes auxquelles ce désaccord a été attribué, se prononce pour une planète située au delà d'Uranus et assigne sa position, d'abord avec une erreur jugée inférieure à 10° (1er juin 1846).

Cette conclusion de Le Verrier rencontra plus d'un incrédule : l'astronome royal d'Angleterre, Airy, lui écrivit à ce sujet :

Airy à Le Verrier.

Royal Observatory Greenwich, 1846, June 26.

Sir. I have read with very great interest the account of your investigations on the probable place of a planet disturbing the motions of Uranus, which is contained in the *Comptes rendus de l'Académie* of June 1. And I now beg leave to trouble you with the following question : It appears from all the later observations of Uranus made at Greenwich (which are most completely reduced in the « Greenwich Observations » of each year, so as to exhibit the

---

([1]) Dans l'intervalle, Le Verrier avait été nommé membre de l'Académie des Sciences à la presque unanimité des voix, le 19 janvier 1846, en remplacement de Cassini IV. Voici les félicitations qu'il reçut à cette occasion de Schumacher, directeur des *Astronomische Nachrichten :*

« 29 janvier 1846.

« Monsieur et digne ami,

» Permettez-moi, avant tout, de vous présenter mes félicitations les plus sincères. Vous êtes donc enfin à la place que tout le monde vous désignait depuis longtemps. Croyez-moi, Monsieur, parmi tous ceux qui n'ont pas l'honneur d'être connus personnellement de vous, il serait difficile de trouver quelqu'un qui y prit plus de part que moi. Dans quelques lignes que j'écrivais avant-hier à M. Arago, je l'ai prié de vous féliciter de ma part... »

effect of an error either in the Tabular Heliocentric longitude or the Tabular Radius Vector) that the Tabular Radius Vector is considerably too small. And I wish to inquire of you whether this would be a consequence of the disturbance produced by an exterior planet now in the position which you have indicated ?

I imagine that it would not be so, because the principal term of the inequality would probably be analogous to the Moon's variation, or would depend on $sin\, 2\,(v - v')$, and in that case the perturbation in radius vector would have the sign — for the present relative position of the planet Uranus. But this analogy is worth little, until it is supported by proper symbolical computations.

By the earliest opportunity I will have the honor of transmitting to you a copy of the « Planetary Reductions » in which you will find all the observations made at Greenwich to 1830 carefully reduced and compared with the Tables.

I have the honor....

Voici, tel que l'avait conservé Le Verrier lui-même, le résumé de sa réponse à Airy :

Paris, 28 juin (1846).

J'enverrai à M. Airy, et à la Société, les éléments rectifiés de l'orbite, s'il veut bien chercher la planète dans le Ciel.

L'erreur du rayon vecteur des Tables actuelles vient des erreurs de l'excentricité et de la longitude du périhélie, qui avaient été mal déterminées, puisqu'on n'avait pas eu égard aux perturbations des positions qui avaient servi aux calculs. Dans mon orbite, il n'y a point de différence entre les quadratures et les oppositions.

Je me servirai des observations annoncées pour vérifier mon travail.

Et plein de foi, Le Verrier continue, en effet, de perfectionner ses recherches.

Deux mois plus tard, il donne (43) une meilleure position de l'astre perturbateur, calcule sa masse et fixe à 3″ le diamètre apparent sous lequel il doit se présenter.

Comme il avait envoyé à Schumacher un résumé de son Mémoire, pour être inséré dans les *Astronomische Nachrichten*, il en reçut la lettre suivante :

Schumacher à Le Verrier,

. . . .

M. Bessel s'est aussi occupé d'Uranus et a fini, comme vous, par l'hypothèse d'une planète inconnue, mais il a seulement fait les préparatifs pour le travail que vous venez d'exécuter. Il a fait réduire toutes les observations d'Uranus, avec la rigueur que vous lui connaissez, par un de ses élèves, M. Flemming, et les a fait comparer avec les Tables. Ces papiers ont été délivrés par la veuve à l'Université de Königsberg.....

Il me semble que ces réductions devraient vous intéresser comme contrôle et confirmation de vos calculs sur les observations... Nous ferons notre mieux pour trouver votre planète.....

Il semble que ces recherches conviennent de préférence à M. Struve, qui a la lunette la plus parfaite que les ateliers de Munich aient produite. Elle a 14 pouces d'ouverture libre et 22 pieds de distance focale.....

Lord Rosse pourrait aussi entreprendre cette recherche. Son télescope, qui se meut facilement d'environ 10° d'azimut près du méridien, permet dans ce moment de chercher la planète.

En même temps, Le Verrier s'adresse directement à divers astronomes, munis de puissants instruments, pour les prier de chercher l'astre qui troublait la marche d'Uranus. Voici le *fac-simile* de la lettre qu'il écrit à J. G. Galle, à Berlin :

A Monsieur
Monsieur J. G. Galle,
Astronome à l'Observatoire
Royal de Berlin
à Berlin.

PP

FRANCO

Paris, le 18 Septembre 1846.

Monsieur,

J'ai lu avec beaucoup d'intérêt et d'attention la réduction des Observations de Roemer, dont vous avez bien voulu m'envoyer un exemplaire. La parfaite lucidité de vos explications, la complète rigueur des résultats que vous nous donnez, sont au niveau de ce que nous devions attendre d'un aussi habile astronome. Plus tard, Monsieur, je vous demanderai la permission de revenir sur plusieurs points qui m'ont intéressé, et en particulier sur les Observations de Mercure qui y sont renfermées. Aujourd'hui, je voudrais obtenir de l'infatigable observateur qu'il voulût bien consacrer quelques instants à l'examen d'une région du Ciel, où il peut rester une Planète à découvrir. C'est la

théorie d'Uranus qui m'a conduit
à ce résultat. Il va paraître un
extrait de mes recherches dans
les Astr. Nach. J'aurais donc pu,
Monsieur, me dispenser de vous en
écrire, si je n'avais eu à remplir
le devoir de vous remercier pour
l'intéressant ouvrage que vous
m'avez adressé.

Vous verrez, Monsieur, que j'démontre
qu'on ne peut satisfaire aux observations
d'Uranus qu'en introduisant
l'action d'une nouvelle Planète,
jusqu'ici inconnue : et ce qui est
remarquable, il n'y a dans l'écliptique
qu'une seule position qui puisse
être attribuée à cette Planète
perturbatrice. Voici les éléments
de l'orbite que j'assigne à cet astre :

Demi-grand axe de l'orbit.... 36,154
Durée de la révolution sidér... 217,387
Excentricité. — — — — — 0,107.61
Longitude du Périhélie. — — 284° 45'
Longitude moyenne 1ᵉʳ Janvier 1847 — 318° 47'
Masse — — — — — — — $\frac{1}{9300}$
Longitude Héliocentrique vraie
  au 1ᵉʳ Janvier 1847 — — 326° 32'
Distance au Soleil — — — — 33,06

La position actuelle de cet astre montre que nous sommes actuellement, et que nous serons encore, pendant plusieurs mois, dans des conditions favorables pour la découverte.

D'ailleurs, la grandeur de sa masse permet de conclure que la grandeur de son diamètre apparent est de plus de 3" sexagésimales. Ce diamètre est tout-à-fait de nature à être distingué, dans les bonnes lunettes, du diamètre fictif que diverses aberrations donnent aux étoiles.

Recevez, Monsieur, l'assurance de la haute considération
de votre dévoué serviteur,

U. J. Le Verrier

Veuillez faire agréer à Mr. Encke, bien que je n'aie pas l'honneur d'être connu de lui, l'hommage de mon profond respect.

Galle cherche immédiatement l'astre indiqué avec tant d'assurance, et le trouve le jour même où il reçut la lettre de Le Verrier, le 23 septembre 1846. Il l'en informe en ces termes :

Galle à Le Verrier.

Berlin, le 25 septembre 1846.

MONSIEUR,

La planète, dont vous nous avez signalé la position, *réellement existe*. Le même jour où j'ai reçu votre lettre, je trouvais une étoile de 8e grandeur qui n'était pas inscrite dans l'excellente Carte Hora XXI (dessinée par M. le Dr Bremiker) de la collection de Cartes célestes publiée par l'Académie royale de Berlin. L'observation du jour suivant décida que c'était la planète cherchée. Nous l'avons comparée, M. Encke et moi, par la grande lunette de Fraunhofer avec une étoile de 9e grandeur (a) Bessel zone 119. $21^h 56' 31'', 00 - 13°30' 7'' 9$ et nous avons trouvé :

. . . .

Aussi le diamètre m'a paru d'être près de 3 secondes; cependant on ne peut s'y fier qu'en des circonstances atmosphériques très favorables et c'est principalement la Carte qui a facilité la recherche.

Peut-être cette planète serait digne d'être appelée Janus, déité des plus anciennes des Romains; aussi la double face serait signifiante pour sa position aux frontières du système solaire.

Agréez, M.....

Un cri d'admiration s'éleva de tous côtés, et le monde astronomique tout entier s'intéressa pendant plusieurs mois à la marche du nouvel astre. Le nom de celui qui, du fond de son cabinet, en avait le premier vu la place au bout de sa plume, devint instantanément populaire, et les honneurs affluèrent sur Le Verrier : chevalier de la Légion d'honneur depuis quatre mois, par une exception des plus rares il fut immédiatement nommé officier. En même temps, les souverains et les académies lui témoignèrent à l'envi leur admiration : la Société royale de Londres lui décerna la médaille de Copley, puis l'inscrivit, comme la Société de Göttingue et bien d'autres, sur la liste de ses membres étrangers; et l'Académie de Saint-Pétersbourg décida que la première place vacante lui serait réservée. Élu immédiatement membre adjoint du Bureau des Longitudes, il fut, en outre, nommé peu après à la nouvelle chaire de Mécanique céleste, créée à cette occasion à la Faculté des Sciences de Paris.

De Salvandy, ministre de l'Instruction publique, commanda son buste à Pradier et en fit hommage à Mme Le Verrier dans les termes suivants :

Paris, le 31 décembre (1846).

Madame,

Permettez-moi de vous adresser à ce renouvellement d'année un hommage digne de vous. Je crois payer une dette en vous adressant l'image de M. Le Verrier. Car, par vos inspirations et votre appui, vous avez sûrement une part à réclamer dans ses travaux et dans sa gloire.

Veuillez agréer, sous la protection de cette image illustre, les expressions de mes sentiments les plus respectueux,

De Salvandy.

De cette époque date aussi le portrait peint par Daverdoing, ami d'enfance de Le Verrier, qui se trouve reproduit ci-contre.

Voici quelques-unes des lettres par lesquelles les plus illustres astronomes de l'époque exprimèrent leurs sentiments à Le Verrier, avec certaines de ses réponses :

Encke à Le Verrier.

Berlin, le 28 septembre 1846.

Permettez-moi, Monsieur, de vous féliciter le plus sincèrement de la brillante découverte dont vous avez enrichi l'Astronomie.

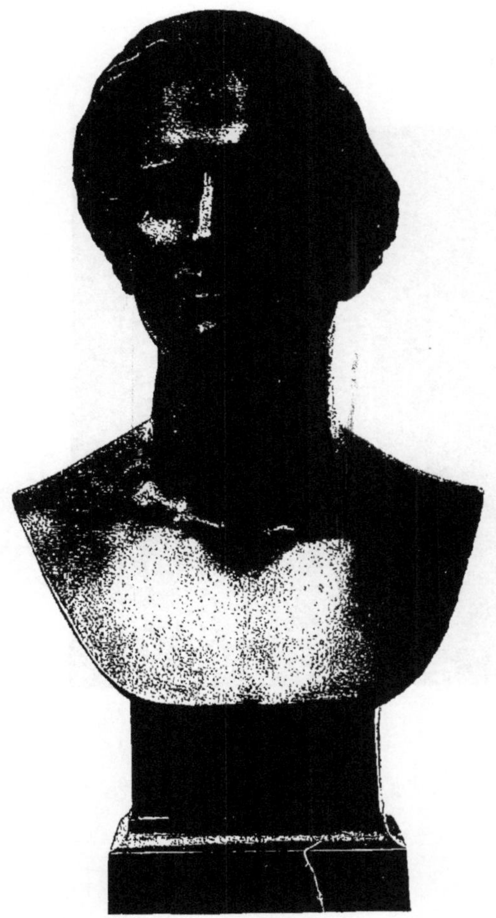

Buste de Le Verrier, fait par ordre du Ministre en 1846.

U.J.LE VERRIER

1811 - 1877

Imp Ch. Wittmann

Votre nom sera à jamais lié à la plus brillante preuve de la justesse
de l'attraction universelle qu'on puisse imaginer, et je crois que
ce peu de mots renferme tout ce que l'ambition d'un savant peut
souhaiter. Il serait superflu d'ajouter autre chose.

J'ose avouer que sans la lettre que vous avez bien voulu adresser
à M. Galle, la recherche ne serait pas encore faite à Berlin. En
lisant avec beaucoup d'intérêt votre excellent Mémoire (*Comptes
rendus*, août 31), je croyais cependant pouvoir attendre jusqu'à ce
que plus de détails seraient publiés; je l'ai eu environ huit jours
avant le septbr 23, et aurais assurément tout de suite commencé
la recherche, si la conviction de la nécessité qu'une planète devait
exister aurait été assez forte.....

Cependant votre lettre invitant spécialement M. Galle à s'occuper de cette recherche, il n'était pas du tout nécessaire de
l'exhorter à s'y livrer.....

Il y a eu beaucoup de bonheur dans cette recherche. La Carte
académique de M. Brémiker, qui peut-être n'est pas encore arrivée
à Paris, mais que je ferai expédier tout à l'heure, comprend justement tout près de la limite inférieure le lieu que vous avez désigné.
Sans cette circonstance infiniment favorable, d'avoir une Carte où
on peut être sûr de trouver toutes les étoiles fixes jusqu'à la
dixième grandeur, je ne crois pas qu'on aurait trouvé la planète.....

Vos éléments ne diffèrent, pour sept 23,5, que de 54′,7 en longitude; le mouvement rétrograde est un peu plus fort selon les
observations (73″,8) que selon vos éléments (68″,7) si mon calcul
est juste. Il se peut donc que la planète ne sera pas tout à fait aussi
éloignée que vous l'avez supposé, mais la différence est extrêmement petite....

J'ai cru devoir saisir cette occasion pour vous témoigner mon
admiration pour votre travail et pour vous prier de bien vouloir en

publier un peu plus de détails, ce qui pourra être du plus grand intérêt pour l'avenir....

Je vous remercie le plus sincèrement de la confiance que vous avez eue dans les talents de M. Galle, dont je fais le plus grand cas, et vous prie d'être assuré que si l'Observatoire de Berlin pourra vous être utile dans une recherche, M. Galle et moi saisirons avec empressement cette occasion pour vous témoigner notre gratitude.

Schumacher à Le Verrier.

28 septembre 1846.

Mon illustre ami,

Quoique vous serez déjà instruit par M. Encke que votre planète est trouvée presque précisément à la place et sous les circonstances que vous avez prédites (le diamètre même est de 3″), je ne peux pas résister au penchant de mon cœur de vous transmettre immédiatement les félicitations les plus sincères de votre brillante découverte. C'est le triomphe le plus noble de la théorie que je connaisse. Bientôt vous saurez plus de ma part.

Votre dévoué.

Plantamour à Le Verrier.

Genève, le 13 octobre 1846.

Je viens vous prier, Monsieur, de recevoir mes félicitations sur votre magnifique découverte qui est le plus beau triomphe que l'analyse ait encore remporté. Je n'aurais pas tardé aussi longtemps à vous exprimer le plaisir avec lequel j'ai vu confirmer par l'observation l'existence de la planète, au lieu même, pour ainsi dire, que vous lui aviez assigné, si les tristes événements qui viennent de bouleverser notre pays ne m'en avaient empêché....

O. Struve à Le Verrier.

14 octobre 1846.

Monsieur, il me fait un plaisir extrême de vous présenter mes félicitations à l'occasion de votre grande découverte. Gloire à vous, gloire à l'Astronomie que vous avez enrichié.

Je regrette beaucoup qu'en suite de la grande distance entre Paris et Poulkova je n'ai pas été le premier à vous annoncer que votre Neptune se trouve réellement au ciel ; il m'aurait fait bien heureux de vous rendre ce service. Le jour suivant après avoir reçu votre première lettre, étant occupé des préparations pour examiner tous les astres jusqu'à 10° à l'entour de la place indiquée par vous, une lettre de M. Encke nous avertit déjà du succès des recherches faites à Berlin.

J'ai vu votre planète pour la première fois le 3 octobre et cela par des nuages ; mais je l'ai reconnue tout de suite par son diamètre, visible même avec le grossissement le plus faible de notre réfracteur. Il n'y a pas de doute que si les Cartes de Berlin n'avaient pas accéléré la découverte de la planète, elle n'aurait pas pu échapper comme vous l'avez supposé, à une revision soigneuse avec les grandes lunettes à cause de son diamètre et de sa lumière planétaire....

Les derniers quinze jours ont été chez nous très défavorables pour les observations astronomiques et ce n'est que trois fois qu'on a pu observer le Neptune dans nos instruments méridiens. Je le crois mon devoir de vous communiquer les positions obtenues jusqu'à présent :

		AR.	Décl.
1846	Oct. 6.....	$21^h 52' 20'',87$	$-13° 29' 5'',95$
	» 10.....	$52 \quad 6\ 76$	$13 \quad 30\ 19,12$
	» 12.....	$52 \quad 0,25$	$13 \quad 30\ 53,24$

Ces positions, quoiqu'elles ne soient pas encore définitives, principalement en $\mathcal{R}$, ne seront sujettes qu'à des corrections très petites. Les astronomes de Poulkova, MM. Peters, Sabler, Fuss et Döllen qui ont fait ces observations continueront d'observer la planète avec les instruments méridiens aussi souvent que le ciel le permet.

Dans deux nuits, mon père et moi, nous avons fait des séries de mesures micrométriques du diamètre apparent de Neptune avec le grand réfracteur et nous avons trouvé... 2″,78.

	W. St.	O. St.
	″	″
Oct. 3...,.	2,81	2,86
» 6.....	2,67	2,77
Moyenne...............		2,78

Cette détermination doit déjà être très exacte, mais j'espère la pouvoir vérifier encore dans un état plus tranquille de l'atmosphère. La figure de Neptune me paraît parfaitement circulaire, de même que celle d'Uranus ; au moins dans sa position actuelle, je ne suis pas en état de reconnaître la moindre déviation de la forme circulaire.

J'estime la planète de la grandeur d'une étoile (7,8). Jusqu'à présent je n'ai pas été en état de découvrir la moindre trace d'un satellite. Des petites étoiles que j'ai examinées sous ce rapport se sont prouvées encore des étoiles fixes. Je crois pourtant qu'il ne faut pas encore renoncer à l'espoir d'attraper quelque satellite vu que les circonstances atmosphériques n'ont pas été assez favorables pour décider définitivement de cette question.

Je n'ose pas vous entretenir d'autres travaux astronomiques puisque toute autre chose doit vous paraître futile par rapport à votre découverte. Aussi chez nous a-t-elle tellement absorbé toutes les pensées que nos propres travaux ne nous fournissent pour le moment qu'un intérêt subordonné.

Mon père, ayant reçu l'ordre de notre Académie des Sciences de vous porter les félicitations de ce Corps savant, vous adresse une lettre en même temps que moi. Jamais découverte scientifique n'a fait plus de sensation que la vôtre et à plus juste titre.

Agréez...

De Vico à Le Verrier.

Roma, li 20 ottobre 1846 ([1]).

La vostra ammirabile scoperta ha riempiuto il mondo di stupore e fara epoca nella storia.

Ma frattanto, dopo Galle, io mi reputo il piu fortunato degli uomini, per averne avuto avviso da Voi medesimo, e per esser io stato qui in Italia uno dei primi a verificare coi cannochiali in cielo quel che avevate predetto.

Oh perchè non sorge il gran Newton dalla sua tomba ad ammirare i triomfi della sua Teoria ! Ma forse egli stesso non avrebbe osato ripromettersi tanto, senza avere al fianco un si valente Geometra e un si potente calcolatore, qual siete Voi.

Sento con piacere che la regia munificenza V'abbia colmato d'onore. Nondimeno io sono persuaso, che la sola fama del vostre

---

([1]) Votre admirable découverte a rempli le monde de stupeur et fera époque dans l'histoire.

Mais en attendant, après Galle, je me proclame le plus heureux des hommes pour en avoir reçu avis de vous-même, et pour avoir été ici en Italie un des premiers à vérifier dans le ciel avec la lunette ce que vous aviez prédit.

Oh pourquoi le grand Newton ne sort-il pas de sa tombe pour admirer les triomphes de sa Théorie ! Mais peut-être lui-même n'aurait pas osé en attendre autant, sans avoir à ses côtés un aussi vaillant géomètre et un aussi puissant calculateur que vous.

J'apprends avec plaisir que la munificence royale vous a comblé d'honneurs. Néanmoins je suis persuadé que la seule renommée de votre nom, qui restera éternel dans les fastes de l'Astronomie, sera la digne récompense qui égale, au moins en partie, le mérite de vos fatigues et de votre découverte inouïe.

nome, il qual rimarra eterno nei fasti dell'astronomia, sara il degno premio che adegua, almeno in parte, il merito delle vostre fatiche e dell' inaudita vostra scoperta.

Ch. Littrow à Le Verrier.

27 octobre 1846.

Monsieur, je vous félicite de tout mon cœur d'une découverte qui éternisera votre nom et de laquelle on pourrait vous envier si elle n'était une couronne si bien méritée par vos immenses travaux, et si l'on ne souhaitait au contraire à un savant si aimable tout le bien imaginable.

En même temps je vous remercie de la complaisance avec laquelle vous avez bien voulu nous faire connaître immédiatement l'observation de M. Galle. Votre lettre arriva encore pendant mon absence, mais mon ami Schaub, adjoint de l'Observatoire que j'y avais autorisé, l'ouvrit et profita du contenu sans délai. De cette manière il nous était possible, malgré le temps peu favorable, de déterminer la position de votre planète déjà sept fois....

B. Valz à Le Verrier.

Marseille, 30 octobre 1846.

Monsieur, je profite avec empressement de l'occasion qui se présente pour entrer en rapport avec vous et vous féliciter cordialement, avec le ban et l'arrière-ban astronomique, de l'éclatant triomphe que vous avez obtenu pour les théories astronomiques. J'avais espéré avoir cet été l'avantage de faire votre connaissance personnelle, mais les dérangements de santé que nos chaleurs m'occasionnent tous les ans m'en ont empêché.

Vous remarquez fort judicieusement, dans le dernier compte rendu de l'Académie, qu'on peut représenter les diverses observations de votre planète par un grand nombre d'orbites différentes. En confirmation je viens vous soumettre les résultats de quelques calculs que j'ai exécutés à ce sujet, dans le cas où ils pourraient vous offrir quelque intérêt....

Toutes les mauvaises chicanes qu'on vous fait ne doivent guère vous chagriner : elles ne sauraient même vous effleurer l'épiderme. J'ai vu qu'on avait encore à l'Académie mis en avant tout aussi vainement les astres de Cacciatore et Wartmann. Le premier n'avait pas spécifié les époques ni si la distance en Æ à l'étoile était en temps ou en arc. Je demandai tous les éclaircissements convenables ainsi que les observations originales du second. Il en résulta que le sens du mouvement du premier astre se trouvait inverse de l'indication qui en avait été donnée.... Quant au deuxième astre, j'ai essayé vainement toute espèce de trajectoire pour représenter son cours....

Veuillez....

Le Verrier à W. Struve.

Paris, le 27 novembre 1846.

Monsieur et illustre confrère, la haute admiration que je porte à vos brillants et immenses travaux me faisait désirer depuis longtemps d'entrer en relation avec vous. La découverte qui me vaut aujourd'hui cette satisfaction ne pouvait être récompensée d'une manière qui me fût plus précieuse. Je vous remercie de la peine que vous avez voulu prendre d'en rendre compte à l'Académie de Saint-Pétersbourg. Mon travail exposé par votre bouche avait beaucoup à gagner ; et ce n'est pas moins au rapporteur qu'à l'Académie elle-même que je dois adresser mes remerciements des félicitations dont elle a bien voulu m'honorer. Veuillez, Monsieur et honorable confrère, transmettre à votre illustre assemblée l'expression de mon respect et de ma reconnaissance.

Je regrette beaucoup que vos observations des étoiles ne se soient point assez éloignées de l'Équateur pour que nous puissions espérer d'y rencontrer des positions de la planète. Elles eussent été d'un grand prix, en nous fournissant le moyen d'établir, dès à présent, avec exactitude une théorie qui, en leur absence, ne pourra atteindre le degré de rigueur que dans plusieurs années. L'existence d'anciennes observations hâterait d'ailleurs l'époque où l'on pourra, par l'étude des mouvements de la nouvelle planète, arriver à prévoir la place de la suivante, à laquelle je vois, Monsieur, que vous croyez comme moi. Vos prévisions sur la grandeur probable de cet autre astre me paraissent tout à fait fondées. Mais, en admettant que la grandeur de ses déclinaisons le place actuellement en dehors des cartes de Berlin, la lenteur de son mouvement pourrait bien faire qu'il restât dans cette position désavantageuse pendant un temps assez long pour donner à la théorie le loisir de devancer encore l'observation. Et, bien qu'il ne faille rien attendre de pareil avant soixante à quatre-vingts ans, je ne vous cacherai pas que c'est cette dernière solution qui me sourirait le plus.

Je recevrai avec bien du plaisir l'admirable description de votre magnifique Observatoire de Pulkova. C'est un chef-d'œuvre que j'étudierai avec une scrupuleuse attention dès que je l'aurai reçu.

Veuillez accueillir avec indulgence l'exemplaire que je désire vous envoyer de mes recherches sur les mouvements d'Uranus, dont l'impression doit être terminée.

Agréez....

Airy à Le Verrier.

Royal Observatory Greenwich, 1846, oct. 14 (¹).

Dear Sir. I was in Germany at the latter part of the month of September, when I received the intelligence of the actual discovery of the New Planet, whose place had been so clearly pointed out by you. And I beg you to accept my sincere congratulations on this successfull termination to your vast and skilfully directed labours. Not many days past, I was in company with Professor Schumacher, at Altona, and there I had the pleasure of reading the manuscript paper which you have transmitted to him. I was exceedingly struck with the completeness of your investigations. May you enjoy the honours which await you! And may you undertake other works with the same skill and the same success, and receive from all, the enjoyment which you merit!

I do not know whether you are aware that collateral researches had been going on in England, and that they had led to precisely the same result as yours. I think it probable that I shall be called on to give an account of these. If in this I shall give praise to others,

---

(¹) Cher Monsieur, j'étais en Allemagne dans la seconde partie du mois de septembre, quand j'ai appris la nouvelle de la découverte de la nouvelle planète, dont la place avait été si clairement marquée par vous. Et je vous prie d'accepter mes sincères félicitations pour cette heureuse conclusion de vos travaux si vastes et si habilement conduits. Il y a peu de jours, j'étais en compagnie du professeur Schumacher à Altona, et là j'ai eu le plaisir de lire le manuscrit que vous lui avez transmis. J'ai été extrêmement frappé de la perfection de vos recherches. Puissiez-vous jouir des honneurs qui vous attendent! Et puissiez-vous entreprendre d'autres travaux avec la même habileté et le même succès, et retirer de tous la satisfaction que vous méritez!

Je ne sais s'il est à votre connaissance que des recherches collatérales étaient poursuivies en Angleterre, et qu'elles avaient abouti précisément au même résultat que les vôtres. Il est probable que je serai appelé à en rendre compte. Si, ce faisant, je donne des louanges à d'autres, je vous

I beg that you will not consider it as at all interfering with my acknowledgment of your claims. You are to be recognised, beyond doubt, as the real predictor of the planet's place. — I may add that the English investigations, as I believe, were not quite so extensive as yours. They were known to me earlier than yours.

There is one thing which somewhat disturbs our mythological ideas, namely the name Neptune which (it is understood) you propose to fix upon the planet. There seems to be an interruption of order which is unpleasant. If you would consent to adopt the name *Oceanus* instead, it would, I think, be better received, as more similar in its character to that of its predecessor Uranus, and more closely related to the mythological ideas of the Greeks. I beg you to think of this carefully, for experience has shown that a name will not last unless it is well selected. The name of *Stellæ Mediceæ* has perished, and the adjunct of Ceres *Ferdinandea* has perished, and the name *Georgium Sidus* has perished, although all these were given by the respective discoverers.....

En Angleterre, des réclamations se firent entendre en faveur d'Adams, et Le Verrier crut nécessaire de défendre ses droits exclusifs à la découverte de la nouvelle planète. Il écrivait, en effet, à Airy :

Réponse de Le Verrier à la lettre d'Airy du 14 octobre 1846.

Monsieur, je reçois la lettre que vous m'avez fait l'honneur de m'écrire à votre retour d'Allemagne. L'approbation flatteuse qu'elle renferme, venant d'un astronome aussi éminent, est de celles que

---

prie de considérer que cela n'aura aucune influence sur ma reconnaissance de vos droits. Sans aucun doute vous devez être reconnu comme le vrai prophète de la place de la planète. — Je puis ajouter que les recherches anglaises, à ce que je crois, n'ont pas été tout à fait aussi étendues que les vôtres. Je les ai connues avant les vôtres....

je devais le plus envier. Je dois cependant vous avouer que la satisfaction que j'en ai ressentie n'est pas sans mélange.

Le passage relatif à des recherches *collatérales*, entreprises en Angleterre, aurait été inintelligible pour moi, si je n'avais reçu en même temps un journal anglais, dans lequel se trouve une lettre de Sir John Herschel.

Quel peut être le but de sir Herschel? Je ne le comprends pas trop, surtout quand il mêle inutilement à sa discussion une insinuation grave. Je devine cependant, d'après un passage de la lettre que vous avez bien voulu m'écrire, que, pour l'atteindre, il aurait fait un appel à l'illustre Directeur de l'Observatoire de Greenwich.

M. Airy me permettra sans aucun doute de lui exprimer librement toute ma pensée sur une question dont il n'est pas le promoteur, dans laquelle il ne se laissera pas entraîner contre le sentiment de la justice : question qui soulèverait un conflit désagréable, mais dont l'issue ne saurait être douteuse dans le siècle où nous vivons et lorsque je puis m'appuyer sur des documents positifs, imprimés, et de dates authentiques.

— 10 novembre 1845. Je présente à l'Académie des Sciences un travail complet sur les perturbations que Jupiter éprouve de la part de Saturne et Uranus.

— 1er juin 1846. J'imprime dans nos *Comptes rendus* un extrait d'un travail considérable dans lequel je prouve définitivement qu'Uranus est troublé par quelque cause inconnue. Je cherche la position de la planète troublante et je lui assigne 325° de longitude héliocentrique au 1er janvier 1847. (Ce nombre n'est trop faible que de 2° 24'.)

Cette publication me vaut une lettre précieuse de M. Airy en date du 26 juin 1846. Il résulte de cette lettre, que M. Airy ne pensait pas qu'on pût rendre compte des variations du rayon vecteur en plaçant la planète troublante là où je l'avais mise. J'ai eu l'honneur de répondre à M. Airy le 28 juin, de lui exposer que ma théorie expliquait les variations du rayon vecteur, et que c'était un grand argument en faveur de son exactitude. M. Airy ne faisait nullement mention de recherches entreprises en Angleterre.

— 31 août 1846. J'imprime dans les *Comptes rendus* le résumé d'un nouveau Mémoire dans lequel je perfectionne ma théorie. J'assigne à la planète 326° 32′ de longitude héliocentrique au 1ᵉʳ janvier 1847, et je donne les éléments de l'orbite qu'elle décrit. (Il n'y a que 52′ de différence avec l'observation.)

J'écris à M. Galle le 18 septembre pour l'engager à chercher le nouvel astre. Au reçu de ma lettre, le 23 septembre, la planète est effectivement trouvée par cet habile observateur.

Et c'est en présence d'une telle succession de documents authentiques, lorsque pas une ligne de travail réel n'a été publiée durant tout le cours de mes recherches, que M. Herschel vient élever une réclamation et parler de documents historiques ! Pourquoi donc M. Adams a-t-il gardé le silence depuis quatre mois ? Pourquoi n'a-t-il pas parlé dès le mois de juin ? Pourquoi attend-on, pour écrire que l'astre ait été vu dans les lunettes ? Je pourrais ajouter bien d'autres questions à ce sujet.

Je n'en ferai qu'une seule à M. Herschel. Comment le fils de l'immortel astronome qui a découvert Uranus a-t-il eu le courage d'imprimer que mes calculs n'auraient pas suffi pour lui donner confiance devant l'Association britannique ? Comment, le lendemain de la découverte de ma planète, n'a-t-il pas vu qu'il portait atteinte à sa pénétration scientifique en venant placer dans une suspicion injurieuse un travail que le fait avait confirmé d'une manière si éclatante.

Non, non. J'ai plus de confiance dans la justice de la nation anglaise, en la vôtre surtout, Monsieur et cher correspondant. M. Herschel échouera dans l'attaque qu'il dirige contre moi.

M. Herschel ferait, je crois, une chose plus scientifique et plus honorable en abandonnant la voie dans laquelle il est entré. Ignoret-il donc qu'à l'Observatoire de Cambridge même on cherchait aussi la planète les 28 et 29 septembre, d'après les positions que j'avais données? Les documents qui en font foi, et que j'ai entre les mains, ne font aucune mention de M. Adams.

Suffit-il donc d'avoir entrepris des recherches sur ce sujet pour prétendre une part au résultat? Oh! alors nous trouverons à M. Adams des concurrents en France, et qui le primeront de loin.

Mais non! Toute cette discussion ne saurait être sérieuse et je vous prie de m'excuser, si je vous en ai entretenu avec quelque vivacité. Venant d'un astronome moins illustre que M. Herschel, elle ne m'eût pas occupé un instant. Mais si l'attitude de M. Herschel m'a causé une désagréable surprise, c'est une raison de plus pour que je vous remercie de nouveau de la noble franchise avec laquelle vous avez bien voulu reconnaître ma découverte.

Airy à Le Verrier.

Royal Observatory Greenwich, 1846, october 19.

Dear Sir. I have received your letter of the 16th, and I am very sorry to find that a letter published by Sir John Herschel has given you so much pain (I suppose that the letter to which you allude is one addressed by Sir John Herschel to the Athenœum during my absence from England). I am certain that Sir John Herschel would be equally sorry, for he is the kindest man, and the most scrupulous in his endeavours to do justice to all persons without giving offence to any, that I ever saw. I am confident that you will find, upon examining closely into the matter, that no real injustice is done to you: and I hope that you will receive this expression the more readily from me because I have not hesitated to express to others as well as to yourself my strong feeling upon the extraordinary merit of your proceedings in this matter. This I intend shortly to express in a more public manner, and through the most respectable channel which is open to me. Meantime I will state to you a few facts and a few considerations which will enable you to judge of the justice of Sir John Herschel's expressions.

A considerable time ago, probably in the year 1844 or in the beginning of 1845 (I have not had leisure since my return, to refer to my papers), I supplied M. Adams with observed places of Uranus, expressly for an investigation into the cause of its disturbances.

In October or November 1845, I received from M. Adams a notification that the disturbances of Uranus could be explained by supposing another planet to exist, of which he gave me the elements.

Shortly after this, I addressed to him the same inquiry which I afterwards addressed to you, namely whether the error of radius vector was explained by the same disturbing planet. I know not whether any accident prevented M. Adams from receiving my letter : at any rate, he gave me no answer. Had he answered me, I should have urged him immediately to publish his investigations.

In June 1846, the numero of the *Comptes rendus* containing your investigations was received by me : and I was astonished and delighted to find that the elements were nearly the same and the present apparent place of the disturbing planet nearly the same as those given by M. Adams' investigations.

On June 29 a meeting of the Board of Visitors of the Royal Observatory was held at which Sir J. Herschel and Professor Challis were present. At this meeting there was question about the expediency of distributing subjects of observation among different observatories and I strongly urged the importance of such distribution in some cases, and I specially stated the probability of finding the disturbing planet if one observatory could be devoted to the search for it. I gave, as my reason, the very strong evidence afforded by the agreement of the results of your researches and M. Adams' researches. It was my strong statement upon this that induced Sir John Herschel so to express himself at the meeting of the Bristish Association, and to write such a letter to the Athenœum. It was my statement also which (followed by some correspondance) induced Professor Challis to commence a search for the planet.

Professor Challis commenced his search on July 29, and saw the planet first on August 4, and subsequently on August 12. All the rest of the history is known to you.

I am confident that you will now see that Sir John Herschel was justified in every expression which he has used.

But, my dear Sir, you express yourself surprised that any one should suppose that the results of mathematical investigations required confirmation. If any person had reason to complain of this, it would be M. Adams : for we waited until M. Adams' results were confirmed by yours, and not until yours were confirmed by M. Adams. But the fact is that no person has reason to complain of it. A sign may be taken wrongly, a decimal point may be placed in the wrong position, a 3 may be mistaken for an 8 : — there is no security whatever against such errors except by independent repetition of the investigations. After many years experience, I have come to the conclusion that exactness of results is a matter rather of moral than of mathematical evidence. I have occasion perpetually to investigate new formulæ for some of the calculations made under my direction : but though I am a far more accurate analyst than any of the persons whom I employ, I never trust to one of my own formulae until its investigations has been examined or repeated by another person.

I again express my confidence that, when you have examined the history which I send you, you will find that no injury whatever has been done to you or has been intended to you. I venture

the more strongly to state this, because I have had no part either
in the calculations or in the observations.

I am...

Airy à Le Verrier.

Royal Observatory Greenwich, 1846, oct. 21.

My dear Sir. I have just received your letter of the 19th and
have only a moment at liberty to answer it.

I am really very much grieved that you should have suffered so
much vexation from the statement made by Professor Challis. Yet
I think that, if you will receive my explanation of it, you will find
that it is in the highest degree complimentary to yourself.

The original search for the planet by Professor Challis (which
was undertaken partily at my instigation) was begun in July, upon
our finding that M. Adam's results were confirmed by yours. This
was done with the greater confidence, because your investigations
appeared to be more complete than M. Adam's. It was then in
contemplation to sweep an extensive zone, I think 20° long and 5°
broad, and to fix the places of all the stars.

Cher Monsieur. Je viens de recevoir votre lettre du 19 et n'ai qu'un
moment de liberté pour vous répondre. Je suis vraiment très peiné que
vous ayez souffert autant d'ennuis de la communication faite par le professeur Challis. Cependant, je crois que si vous recevez l'explication que je
peux vous en donner, vous verrez qu'elle est au plus haut degré flatteuse
pour vous.

La première recherche de la planète par le professeur Challis, qui fut
entreprise en partie à mon instigation, fut commencée en juillet, lorsque
nous eûmes vu que les résultats de M. Adams étaient confirmés par les
vôtres. Ceci fut fait avec la plus grande confiance, parce que vos recherches
paraissaient plus complètes que celles de M. Adams. Il s'agissait alors
d'embrasser une zone étendue, je crois 20° de longitude et 5° de latitude,
et de fixer la place de toutes les étoiles.

Après l'arrivée de votre second Mémoire, les considérations pleines de

After the arrival of your second Memoir, the sagacious considerations therein described, showing that the place assigned to the planet was probably very accurate and that its disk was probably visible, and its general brightness greater than we had supposed, induced M. Challis to confine his examination to a smaller part of the heavens and especially to look for a visible disk.

Between those two courses of conduct there is no inconsistance : and the latter is highly complimentary to you.

The object of professor Challis's letter to the Athenœun seems to have been merely to explain to the *English* public that the matter had not been neglected *in England*.

Probably M. Challis hardly supposed that the letter would be seen in France. But I cannot speak with any certainty on this, as I have not received a letter within a week from M. Challis.

Of one thing, however, I am sure you may make yourself quite certain, that no person in England will dispute the completeness of your investigations, the sagacity of your remarks on the points which it was important to observe, and the firmness of your moral convictions as to the accuracy and certainty of the results. With

---

sagacité qui y étaient développées montrèrent que la place assignée à la planète était probablement très précise, que son disque était probablement visible et que son éclat général devait être plus grand que nous ne l'avions supposé; cela induisit M. Challis à borner son examen à une plus petite portion du ciel, et particulièrement à rechercher un disque visible.

Entre ces deux lignes de conduite il n'y a aucune incompatibilité, et là dernière est hautement flatteuse pour vous.

L'objet de la lettre du professeur Challis à l'Atheneum semble avoir été simplement d'expliquer au public *anglais* que la question n'avait pas été négligée *en Angleterre*. Probablement M. Challis ne supposait même pas que la lettre serait connue en France ; mais je ne peux pas parler de cela avec certitude, n'ayant rien reçu depuis une semaine de M. Challis.

Cependant, il y a une chose dont je suis sûr, dont vous pouvez être vous-même tout à fait certain, c'est que personne en Angleterre ne contestera la plénitude de vos recherches, la sagacité de vos remarques sur les points qu'il était important d'observer, et la fermeté de votre conviction morale dans l'exactitude et la certitude du résultat.

these things, the produce not only of a *mathematical* but also of a *philosophical* mind, we have nothing which we can put in competition.

My acknowledgment of this will never be wanting : nor, I am confident, will that of any other Englishman who really knows the history of this matter.

I am....

Le Verrier à Airy.

23 octobre 1846.

Monsieur et cher confrère. L'empressement, l'obligeance extrême que vous avez mise, malgré le prix de vos moments, à m'écrire pour me rassurer sur les sentiments des Astronomes Anglais, me font un devoir de vous remercier bien sincèrement. Et je suis convaincu que je n'aurai qu'à m'applaudir de votre intervention publique dans cette question, si vous croyez devoir l'accorder.

Permettez-moi de vous dire succinctement ce qui a été fait à ce sujet dans notre Académie. Lorsque les réclamations de Sir John Herschel et de M. Challis m'ont été connues, j'ai prié M. Arago, qui avait déjà accepté la mission de me défendre pour quelques attaques intérieures, de vouloir bien dire quelques mots pour rappeler les véritables principes de la priorité scientifique. L'argumentation de M. Arago a été précédée d'un juste hommage rendu à la hauteur du caractère de MM. Airy et Herschel. Il n'en pouvait être autrement dans la bouche du profond historien des travaux de M. Herschel père ; et la grande estime que M. Arago professe pour M. Airy lui rendait cette tâche agréable et facile.

Vis-à-vis de tout cela, provenant non seulement d'un esprit *mathématique*, mais aussi d'un esprit *philosophique*, nous n'avons rien qui puisse être mis en compétition.

Ma reconnaissance de ce fait ne fera jamais défaut, pas plus, j'en suis convaincu, que celle de tout autre anglais réellement au courant de cette question.

Aussi suis-je bien certain que M. Airy et M. Herschel ne trouveront dans nos *Comptes rendus* qu'une franche discussion, à laquelle ils adhéreront facilement.

Vous n'avez pas besoin, Monsieur, que je vous affirme que je suis dans les mêmes sentiments que M. Arago. Je désire cependant vous faire remarquer que nos séances sont publiques et que les faits de la discussion sont quelquefois singulièrement altérés dans les journaux ; de sorte que nous ne pouvons répondre que de notre *Compte rendu*. Les astronomes français sont et resteront étrangers aux attaques inconvenantes qui pourraient être dirigées contre l'Angleterre, tout aussi bien qu'ils ont repoussé les odieuses insinuations d'un membre de notre Académie, M. P., qui insinuait que j'avais eu antérieurement connaissance de la position de la planète par des observations déterrées quelque part, je ne sais où, et que j'avais ensuite feint de la trouver par un travail mathématique ! Cette accusation déloyale que j'avais à repousser, en même temps que je vous écrivais, Monsieur et cher correspondant, a peut-être ajouté à mon style une vivacité qui vous aura laissé voir cependant que mon plus ardent désir est de conserver en tout ceci votre haute et bonne bienveillance.

Recevez....

P. S. — Je ne vous ai rien dit de M. Challis pour ne pas vous ennuyer de discussions : j'aimerais beaucoup mieux parler avec vous du *fond de la science*. Je suis d'ailleurs certain que la loyauté dont sont empreintes toutes vos lettres ne saurait approuver cette correspondance à double face que M. Challis a entretenue d'une part avec Paris et de l'autre avec l'Athenæum. Mais, je le répète, je n'ai pas l'intention d'y revenir désormais, et si je vous demande instamment la faveur de continuer cette correspondance, ce sera pour d'autres objets.

On se préoccupa aussitôt de donner un nom à la nouvelle planète.

Comme on l'a vu, Galle proposait celui de Janus, et Airy celui d'Oceanus. Le Verrier s'en remit à Arago, pour le choix de ce nom, ainsi qu'il l'écrivait dans sa réponse à Encke :

Le Verrier à Encke.

Paris, le 6 octobre 1846.

Monsieur et illustre confrère, il ne pouvait m'arriver, sur le succès dont je dois la réalisation à l'observatoire de Berlin, aucune récompense aussi flatteuse que la lettre du grand astronome à qui la Science est redevable de tant de brillants travaux. Je la conserverai avec soin comme l'un de mes titres scientifiques les plus précieux, heureux si vous permettez au plus dévoué de vos confrères de l'Académie des Sciences de s'entretenir quelquefois avec vous des intérêts de l'Astronomie.

Je n'avais pas besoin, pour apprécier la haute utilité des Cartes de l'Académie de Berlin, pour admirer le courage avec lequel vous avez poursuivi sans relâche l'exécution du vaste plan qu'elles embrassaient, je n'avais pas besoin, Monsieur, qu'elles m'eussent rendu un service personnel. L'exploration complète de cette immense zone du ciel est d'un intérêt trop grand pour qu'il puisse échapper à un astronome.

Bien que je n'aie pas moi-même, par suite de circonstances fâcheuses, l'avantage de mettre l'œil à la lunette, j'apprécie trop bien les ressources infinies que l'astronome doit tirer d'un pareil travail pour ne pas vous solliciter de faire tous vos efforts pour le compléter. Je serais trop fier, Monsieur, s'il était vrai que ma prédiction, vérifiée d'une manière presque miraculeuse au moyen de vos Cartes, dût être un encouragement à l'achèvement de votre grande entreprise...

M. Schumacher m'a fait l'honneur de m'écrire et de me demander de lui envoyer un nom pour la planète. J'ai prié mon illustre ami, M. Arago, de se charger de ce soin. J'ai été un peu confus de la décision qu'il a prise dans le sein de l'Académie. Je ne saurais *trop vous expliquer en quoi elle consiste* si je n'y trouvais l'occasion de payer un juste tribut d'admiration à vos travaux sur la comète d'Encke. Le nom obscur que M. Arago veut laisser à la planète m'assimilerait d'une manière trop glorieuse à l'illustre Directeur de l'Observatoire de Berlin pour que je le mérite.

Agréez, ...

La veille, en effet, Arago avait annoncé à l'Académie qu'il avait choisi pour la nouvelle planète le nom même de *Le Verrier* ([1]).

« Je n'ai pas cru, dit-il, devoir m'arrêter à quelques objections
» sans base réelle. Comment, on appellerait les comètes du nom
» des astronomes qui les ont découvertes, du nom de ceux qui en
» ont tracé l'orbite, et le même honneur serait refusé aux *décou-*
» *vreurs* de planètes !... Je prends l'engagement, dit Arago en
» terminant, de ne jamais appeler la nouvelle planète que du nom
» de *Planète de Le Verrier.* »

Et en effet, les *Astronomische Nachrichten* firent précéder de l'entrefilet suivant le tableau des premières observations de la nouvelle planète ([2]) :

Name des neuen Planeten

« Nach einem unter dem 6ten October von Herrn *Arago* erhal-
» tenen Briefe, hat Herr *Le Verrier* sein unbestreitbares Recht,
» dem von ihm entdeckten Planeten einen Namen zu geben, an
» Herrn *Arago* übertragen. Zufolge dieses ihm übertragenen
» Rechtes giebt Herr *Arago* dem neuen Planeten den Namen des
» Entdeckers LEVERRIER, und hat für ihn das Zeichen ♆
» gewählt. »

([1]) *Comptes rendus,* séance du 5 octobre 1846, t. XXIII, p. 662.
([2]) *Astr. Nachr.,* t. XXV, n° 581, p. 81.

Mais l'immense autorité d'Arago fut impuissante à faire adopter ce nom, qui rencontrait des objections, particulièrement de la part des astronomes anglais. D'ailleurs Le Verrier était « confus » d'un tel honneur, comme il le dit dans sa lettre à Encke, et l'on crut même qu'il n'approuvait pas cette désignation. Ce qui n'est point douteux, c'est qu'Arago trouva que Le Verrier ne le soutenait pas suffisamment, et telle paraît avoir été la cause de leurs dissentiments. On lit, en effet, dans un *Avertissement* d'Arago (¹), évidemment écrit au commencement de 1847 :

« J'avais pensé que le public lirait avec curiosité une *Histoire
» détaillée de la nouvelle planète;* en particulier, de celle qu'à
» l'origine je proposai d'appeler Le Verrier, et que les étrangers,
» se fondant sur de prétendues décisions du Bureau des Longi-
» tudes, nomment aujourd'hui *Neptune.* Tel devait être, avec l'as-
» sentiment de mes confrères, le sujet de la *Notice scientifique*
» de cette année. Pendant que je la rédigeais, on publiait en An-
» gleterre, en Allemagne, en Italie, en Russie, des articles, des
» dissertations, des brochures qui, en certains points, reposent
» sur des erreurs de fait incontestables. Ces erreurs, suivant moi,
» devaient être rectifiées. Je comptais que ma susceptibilité serait
» partagée, et que j'aurais des collaborateurs. Mes espérances ne
» se sont pas réalisées. Ceux qui, d'un seul mot, auraient pu mettre
» la vérité dans tout son jour ; ceux qu'elle intéressait le plus
» directement, ont obstinément gardé le silence.... Je ne pourrai
» donc pas cette année ajouter une seconde édition de l'Annuaire,
» une édition *facultative* avec *Notices scientifiques,* à l'*édition*
» *obligatoire* qui est en vente depuis le *premier janvier.* »

On verra plus loin que Le Verrier, de son côté, trouvait le nom de

---

(¹) *Annuaire du Bureau des Longitudes pour* 1847, p. 371.

Neptune détestable, et que finalement il *se ralliait au nom choisi par Arago*.

Quoi qu'il en soit, le désaccord entre Arago et Le Verrier alla en croissant, malgré les louables efforts de Schumacher pour les rapprocher, et dont témoigne la lettre suivante :

Schumacher à Le Verrier.

24 mars 1847.

Monsieur et illustre ami, c'est avec douleur que j'apprends de votre bonne lettre les discussions dont le discours de Encke a été la cause. Je vous avoue qu'en le lisant, il ne m'avait pas venu à l'idée que vous vouliez par « *confus* » désavouer ce que M. Arago avait fait. J'ai entendu ce mot dans le sens dans lequel vous l'avez écrit, c'est-à-dire que votre modestie vous avait fait confus en acceptant ce que vous vouliez bien regarder comme un honneur excessif. Toutefois il est certain que l'ambigu aurait disparu si M. Encke avait imprimé la lettre entière. Il dira peut-être qu'il ne pouvait pas bien l'imprimer entière parce que le reste qu'il avait supprimé était trop flatteur pour lui. J'en conviens, mais alors il aurait mieux fait de n'imprimer rien. Je souhaite de tout mon cœur que M. Arago ne tardera pas à reconnaître vos vraies intentions et que vous vous lierez de nouveau comme vous l'étiez avant ce malheureux mésentendu.

Le Verrier à Schumacher.

25 novembre 1846.

...Agréez, mon très cher ami, l'expression de ma vive reconnaissance pour toutes les démarches par lesquelles vous avez si puissamment contribué à me conserver l'honneur de ma découverte, malgré les attaques peu loyales qui ont été dirigées contre moi. J'apprécie d'autant plus votre chaleureuse amitié, que, sans sortir de mon académie, j'ai eu à répondre à de malveillantes insinuations dans lesquelles l'ignorance le disputait à la mauvaise foi. J'ai au reste été vaillamment défendu par M. Arago. A une autre époque, je me serais peut-être défendu de l'honneur qu'il a voulu me faire en donnant mon nom à la planète ; mais les singulières prétentions d'Outre-Manche m'ont décidé à laisser faire son amitié. Je vous avouerai même que l'adoption par le Bureau des Longitudes, dont je ne faisais pas partie, du nom de Neptune que je n'avais pas proposé, n'a pas peu contribué à me faire trouver ce nom détestable.

Schumacher à Le Verrier.

19 janvier 1847.

Monsieur et illustre ami, une lettre de Sir John Herschel, que je viens de recevoir par la dernière poste d'Angleterre, m'a fait un plaisir si vif que je ne peux pas attendre un moment avant de vous en avoir fait part. Il m'avait écrit, il y a environ quinze jours, qu'il tenait aux noms mythologiques et qu'il croyait que le choix d'un nom pour une planète nouvelle était borné par l'aristocratie de l'Olympe. Hier il m'écrit qu'il rétracte son opinion après avoir lu votre beau Mémoire, qui est en effet un chef-d'œuvre de profondes recherches, conduites d'une manière si claire, qu'il sera toujours l'admiration des géomètres. Il convient à présent qu'il serait ingrat de refuser le nom que la France donne à la nouvelle planète. Je lui écris aujourd'hui pour le prier de me permettre d'imprimer sa lettre, ou au moins de m'autoriser à vous la communiquer. J'espère qu'il y consentira. Je ne vois pas, en effet, ce qui pourrait l'empêcher de le faire. Sa lettre fait autant d'honneur à sa noble impartialité qu'elle vous fait honneur en mettant devant le public l'opinion d'un astronome si distingué. Croyez....

Le Verrier à Airy.

. . . .

Depuis que j'eus l'honneur de vous écrire, j'ai été complètement étranger à tout ce qui s'est fait et dit, en France ou ailleurs, sur cette malheureuse planète. J'ai été ennuyé ici de toutes les manières. Je ne conseille pas à celui qui aime la tranquillité de s'occuper d'Astronomie en France. Vous voudrez donc bien m'excuser, Monsieur, si, m'étant à peu près retiré de la question, et n'ayant pris communication d'aucun document, je suis aujourd'hui dans l'impossibilité de vous parler de la lettre que vous avez lue à la Société Royale Astronomique. Mais je crois de mon devoir de chercher encore à rendre quelques services à l'Astronomie, et je suis résolu à me mettre au-dessus de toutes les misères qui m'entourent et à reprendre mes occupations scientifiques....

Il ajoutait, dans une lettre adressée à Airy à la même époque :

Quant au nom de la planète, il n'est guère possible que je m'en occupe d'une manière convenable. Cependant, puisque vous voulez bien m'en parler, je prendrai la liberté de vous dire sur cet objet ma pensée intime. Elle n'est, je crois, ni trop humble ni trop haute. Après que j'eus donné mes Mémoires, et lorsque je fus convaincu qu'on trouverait la planète, où je l'avais dit, je croyais qu'on l'appellerait tout naturellement *planète de Le Verrier*, comme on dit *comète de Halley*, *comète de Encke*, etc. Voilà tout.

Quand la planète fut trouvée, il fut proposé par le Bureau des Longitudes de l'appeler Neptune. Je ne faisais pas partie du Bureau à cette époque et je ne l'avais pas chargé de cela. En écrivant à divers astronomes, je leur dis ce que le Bureau des Longitudes avait fait, mais sans ajouter ni blâme, ni approbation. Je déclarai en même temps à M. Arago que je croyais que le Bureau s'était un peu pressé, et que je le chargeais *lui* spécialement de faire à *l'Académie* des Sciences ce qu'il jugerait convenable à ce sujet. Depuis je ne m'en suis plus mêlé, et vous êtes sans doute mieux informé que moi de tout le reste... Mais tout cela est fort peu important.

Je me suis engagé de nouveau dans des recherches sur les comètes. Si j'arrive à quelque résultat digne d'intérêt, je vous demanderai la permission de vous en faire part...

Airy à Le Verrier.

Royal Observatory Greenwich, 1847, feb. 28.

My dear Sir. Before receiving your letter of the 26th, I had determined on writing to you and sending you the inclosed extracts from the Athenœum. In my last letter I stated to you the difficulty in which I found myself and in which nearly all the astronomers of Europe found themselves, with regard to the name of the new planet. I hoped that perhaps you might give me some sanction for the adoption of a mythological name. Your reply, which was conceived in terms of the utmost frankness, clearly shewed to me that you were unable to make the change which appeared desirable. I determined therefore to take no positive step in adopting a name for the planet until circumstances should compel me to do so. These circumstances, I think, have arrived ; the reports of the principal astronomers of the North of Europe reached me about 12 days ago, and the determination to which they had come, agreed, as I know with the wish of my English friends in general. I therefore definitively adopted the name Neptune, and I published this adoption in the number of the Athenœum of which I enclose parts. In one of these numbers you will find some notice

of the difficulty in which the Astronomical Society has been placed by the discovery of the planet.

I am very sincerely grieved by the information which your letter of the 26ᵗʰ brings me. With regard to the two special requests
which it contains; first I enclose an attested copy of your letter of
23 October 1846 (you will find near the end the word *entrenues*,
it is so written in the original), secondly you are quite at liberty to
use or to cite any of my letters to you as you may think best. I am
certain that you will use them honorably, and that the result
of producing them can only be honorable to you. I have not yet
received from M. Arago any letter whatever since that of October
23 which contained the first notice of the presence of the journa-
list at the meeting of the Academy. With regard to the infortunate
dissensions which have operated so injustly towards you, I do not
understand their nature, but I am sure that there must have been
some very unfair conduct towards you. Your position in reference
to the discovery of the planet is perfectly recognised throughout
Europe (I should think nowhere more completely than in England); and I trust that, even where some angry discussion may
have prompted unjust measures towards you, the remembrance
of this position, and of your former important investigations, will
soon restore these marks of respect which for the present are
withheld. And I trust that the consciousness of this position and
the certainty that it will be generally recognised will enable you
to bear with calmness many vexations which might be intolerable
to a person who had no grounds for his reputation, except the
favour of the persons nearest to him......I am.....

Dès cette époque Le Verrier s'était tracé le plan du travail qui a
rempli toute sa vie d'astronome, et il l'exposait au Ministre de
l'Instruction publique dans les termes suivants :

Paris, le 18 février 1847.

Monsieur le Ministre,

J'ai eu l'honneur d'exposer à votre Excellence que les progrès de l'Astronomie réclamaient l'exécution d'un grand travail analytique, mais que l'étendue de cette entreprise, qui ne doit pas demander moins de 10 à 15 années pour être menée à bonne fin, excédait les forces d'un savant isolé.

Vous avez pensé, Monsieur le Ministre, que l'État, qui accorde chaque année et avec tant de raison de puissants secours à l'astronomie d'observation, devait aussi se préoccuper de l'astronomie analytique à laquelle revient en définitive la mise en œuvre des matériaux et aussi la constitution de la Science.

Dans cette grande intention, vous m'avez autorisé à placer sous vos yeux un succinct exposé du plan que je me propose d'embrasser et de la mesure dans laquelle j'aurai besoin de l'appui du Gouvernement. Pour mieux répondre aux vues de Votre Excellence, mon premier désir eût été de lui adresser un rapport étendu sur la marche qu'a suivie le développement de la science astronomique depuis Hipparque et Ptolémée jusqu'à nos jours, rapport qui eût pu au besoin être publié. Il m'eût été facile de montrer que si la découverte des grandes vérités du système du monde fut autrefois du domaine de la seule observation, il n'en pouvait plus être ainsi aujourd'hui : les vérités qui restent à découvrir sont cachées dans les profonds replis de la théorie, et l'analyse seule peut écarter le voile qui les dérobe à nos yeux.

Mais Votre Excellence, qui prête à l'étude des sciences un si noble appui, n'a point besoin de cette preuve, et d'un autre côté je suis convaincu que toute publicité anticipée ferait surgir des difficultés qui, pour n'être basées que sur de mesquines considérations d'amour propre et d'intérêt personnel, n'en entraveraient pas moins l'exécution scientifique du travail.

Permettez-moi donc, Monsieur le Ministre, de porter simplement à votre connaissance personnelle les motifs qui me font désirer et m'obtiendront sans aucun doute le concours de votre administration éclairée : puissiez-vous juger même que l'entreprise est digne de la France scientifique.

Pour établir avec précision la théorie d'une planète, pour l'amener à la forme définitive sous laquelle elle peut prendre place dans la science, il faut des travaux immenses et qui présentent quatre phases successives, tellement distinctes les unes des autres que jusqu'ici l'exécution en a été confiée à des mains différentes.

Il faut *premièrement* entreprendre une série d'observations exactes et nombreuses de la planète et réparties sur un intervalle de temps considérable.

Il faut en *second lieu*, en se basant sur la loi de la gravitation universelle et en tenant compte de l'influence de toutes les masses, rechercher avec soin la forme des expressions analytiques propres à représenter à une époque quelconque les coordonnées de l'astre.

Ces deux premières parties de la question sont indépendantes entre elles.

Un *troisième* travail a pour but de les rapprocher afin de tirer des observations la valeur de constantes qui sont restées indéterminées dans les formules et qu'on a dû réduire au plus petit nombre possible.

La *théorie* de la planète étant ainsi obtenue, il est indispensable, pour qu'elle puisse prendre place définitive dans l'astronomie pratique, qu'on l'ait réduite en table numérique.

C'est la *quatrième* et dernière partie de la question.

Les observations ont été si heureusement encouragées depuis un siècle qu'elles ne laissent aujourd'hui rien à désirer. On peut puiser largement dans les publications des Observatoires de Paris, Greenwich, Berlin et Kœnigsberg. L'admirable précision à laquelle

l'habile artiste dont nous déplorons la perte, avait porté les
instruments, a donné aux observations actuelles une merveilleuse
exactitude. Ces observations cependant, il faut le dire, resteraient
lettre morte, et les immenses sacrifices au prix desquels elles ont
été accomplies seraient sans compensation, si la théorie ne devait
pas un jour les coordonner et les vivifier.

Les observations inscrites sur les registres sont les matériaux
d'un édifice encore épars sur le sol.

Votre Excellence a pensé qu'après les avoir réunis il était
temps enfin de songer à élever l'édifice lui-même, et de recourir
à l'architecte et au maçon.

Dans le développement des théories analytiques, dans leurs
comparaisons avec les observations et dans les tables qui en sont
la conséquence, tout est aujourd'hui à refaire. — Presque toutes
nos théories sont en désaccord maintenant avec les observations,
non pas sans doute au même point que pour la planète d'Herschel,
mais toutefois d'une manière assez grave. On peut s'en contenter
faute de mieux et sans oser y toucher, à cause de la grandeur du
travail.

Ce motif ne vous arrêtera pas, Monsieur le Ministre, pas plus
qu'il ne m'effraie, et vous me permettrez d'associer votre nom à la
réalisation d'une œuvre qui peut dès à présent conduire à de
grands résultats. Si mes efforts ne sont pas vains, elle sera dans
l'avenir un monument de l'état de l'Astronomie non pas telle qu'elle
est aujourd'hui, mais bien telle que nous sommes en mesure de la
constituer.

Existe-t-il dans l'univers des causes agissantes autres que celles
que nous connaissons ?

Nous serions tentés de le penser d'après la différence qui existe
entre la théorie et les observations.

Malheureusement la théorie, abandonnée au zèle et aux ressources individuels, n'a pas été discutée avec assez de soin pour

qu'il soit possible d'affirmer que les erreurs ne sont pas dues à des fautes de calcul, et la plupart du temps même il en est ainsi. Le développement de la Science se trouve arrêté : aucune conclusion n'est possible.

Il y a plus, et c'est ici, M. le Ministre, que vous connaîtrez ma pensée la plus importante sur le sujet qui m'occupe. Il ne suffirait pas de reprendre une théorie en particulier comme je l'ai fait pour Mercure et de l'étudier avec tout le soin possible.

Par ce travail, qui ne m'a pas coûté moins de deux années, j'ai entrevu des vérités nouvelles, mais que je n'ai pas osé encore faire connaître.

La théorie du mouvement de la Terre n'avait pas été étudiée d'une manière convenable, qui la mît en harmonie avec celle de Mercure et, bien que je me fusse appuyé sur le travail de l'illustre Bessel, j'ai cru devoir attendre.

Embrasser dans un seul travail l'ensemble du système planétaire, mettre tout en harmonie s'il est possible et, dans le cas contraire, déclarer avec certitude qu'il existe des causes de perturbations encore ignorées, et dont les auteurs pourraient alors et seulement alors être reconnus, tel est en définitive le projet que j'ai l'honneur de transmettre à votre Excellence.

Ce projet est vaste sans doute, mais cette considération n'impliquerait aucune conséquence dans votre esprit, Monsieur le Ministre, sinon qu'il était digne de vous être présenté et qu'il faut commencer au plus tôt, d'autant plus tôt que je suis en mesure de montrer à Votre Excellence qu'autrement nous serions pour ce travail devancés sur certains points par nos voisins d'Outre-Manche.

De vastes travaux de réduction, entrepris sous les ordres du Directeur de l'Observatoire de Greenwich et encouragés par le Gouvernement anglais, ont été exécutés. Déjà on s'est demandé, à la Société Royale Astronomique de Londres, s'il ne serait pas possible d'obtenir au profit de l'Angleterre tous les résultats dont les grandes réductions effectuées pourront faciliter la découverte. Et nul doute qu'on ne s'y emploie activement.

Les Anglais sont entrés toutefois dans une mauvaise voie. Avec votre appui, Monsieur le Ministre, je ne leur laisserai pas le temps d'en sortir et la science astronomique restera française. Mais Votre Excellence comprendra dès lors de quel intérêt il est pour nous qu'une des idées que j'ai eu l'honneur de lui transmettre ne passe pas dans la circulation scientifique avant le temps.

Permettez-moi, Monsieur le Ministre, d'en venir aux moyens d'exécution : ils sont très simples. Si vous voulez bien me considérer comme l'architecte dont j'ai parlé, il sera nécessaire que je puisse consacrer à ce but tout mon temps. Deux ordonnances que S. M. a rendues l'an dernier sur votre proposition ne me laissent à cet égard rien à désirer.

En second lieu, les développements de la théorie, leur comparaison avec les observations et la construction des tables exigeront d'importants calculs numériques. J'aurai à vous demander les moyens de les faire exécuter.

Enfin, à mesure que l'œuvre avancera et que certaines parties seront achevées, l'impression deviendra nécessaire.

Quant à l'exécution des calculs, j'ai commencé à m'en occuper depuis le 1er janvier, mais j'ai attendu jusqu'à ce jour avant d'en entretenir votre Excellence afin d'avoir des idées plus nettes. La difficulté de la matière, et la nécessité où je me trouverai toujours de *relire* le travail en entier avec soin, exigeront que je n'y emploie en général qu'une seule personne, mais uniquement occupée à ce travail.

L'instruction spéciale et l'assiduité nécessaires à ces calculs, et l'expérience du sacrifice que j'ai fait moi-même depuis deux ans, me font regarder comme admissible la demande qui m'a été faite de 125 francs par mois.

L'impression ne viendra que plus tard ; elle ira de quatre à cinq volumes « in-quarto ».

Enfin, Monsieur le Ministre, je serais particulièrement satisfait que la mesure que vous voudrez bien prendre eût autant que possible un caractère permanent jusqu'à l'entière réalisation de l'ouvrage, afin que votre administration y ayant pris une part plus directe, plus immédiate, en poursuive les progrès et l'achèvement avec plus de sollicitude.

Ce serait un grand encouragement pour moi d'être appelé près de vous à la fin de chaque année pour vous rendre compte de mes efforts.

Peu après la découverte de Neptune, Le Verrier fut nommé membre adjoint du Bureau des Longitudes : l'élection est du 14 octobre 1846 et l'ordonnance royale qui le nomma est du 25 du même mois. Mais, au bout de quatre mois, Le Verrier donnait sa démission, motivée par l'opposition systématique qu'il y rencontrait, et la persistance avec laquelle on le tenait éloigné de l'Observatoire.

Invité à la session d'Oxford de l'Association britannique, il fit alors en Angleterre un voyage triomphal qui paraît avoir inquiété ses adversaires. Dans le cours de ce voyage, il se lia d'amitié avec divers astronomes célèbres, particulièrement avec W. Struve qui, auparavant, lui écrivait la lettre suivante :

W. Struve à Le Verrier.

Poulkova, 8 juin-27 mai 1847.

Monsieur et très estimable confrère, dans quelques jours je pars pour l'Angleterre, où je me rends sur l'invitation de mes amis anglais d'assister à la réunion de l'Association britannique à Oxford, qui commence le 23 juin. Je me flatte de l'espérance de vous rencontrer à Oxford, événement que je regarderai comme un des plus grands succès de mon voyage. Mais si je ne vous y trouve pas, je crois que je me déciderai à faire le détour de Paris....

Il y a à présent 17 ans que j'ai été la première fois à Paris, mais sous des circonstances très défavorables pour un but scientifique quelconque, comme j'étais arrivé le jour même des fameuses Ordonnances en juillet. Paris est donc pour moi à peu près « Terra incognita ». Sûrement qu'il vaut bien la peine de faire la connaissance de la ville la plus remarquable du continent. Mais pour moi il s'agit de me mettre en relations plus directes, personnelles, avec les notabilités scientifiques que réunit la capitale de la France. Agréez....

Cette correspondance entre W. Struve et Le Verrier se continua dans la suite. Voici une autre lettre de W. Struve, montrant que, dès lors, Le Verrier s'intéressait à la restauration des observatoires de province, restauration dont il a été, pour une forte partie, le promoteur :

W. Struve à Le Verrier.

Poulkova, 7 décembre 1847.

Mon très cher ami et confrère. Dans une de vos dernières lettres, vous indiquiez qu'il s'agit d'une réorganisation de l'Observatoire de Marseille. Permettez-moi de vous communiquer quelques-unes des réflexions que cette importante nouvelle m'a engagé de faire.

La France, ce pays auquel la Science doit les immenses progrès que l'Astronomie théorique a faits depuis près d'un siècle, est restée en arrière pendant cette époque dans la participation aux travaux d'observation....

La Grande-Bretagne est le pays le plus riche en établissements astronomiques, car dans les îles européennes il y a huit observatoires attachés à des établissements publics : ceux de Greenwich,

Cambridge, Oxford, Dublin, Armagh, Édinburg, Glasgow et Liverpool....

En Allemagne, les observatoires de Kœnigsberg, d'Altona, de Berlin, de Gœttingue, de Bonn, de Munich, de Vienne sont au premier rang par leurs moyens instrumentaux et les travaux qui s'y font....

En Russie, il y a maintenant trois observatoires dont l'arrangement est au niveau de l'état actuel de la Science....

Dans le courant du siècle passé, plusieurs observatoires existaient à Paris et un certain nombre d'établissements astronomiques dans les provinces de France, comme à Marseille, Toulouse, etc. Si les observatoires provinciaux de France existent peut-être encore, ils végètent....

Si le Gouvernement français a résolu de développer l'astronomie pratique du pays, il est clair que l'Observatoire de Marseille a les premiers titres d'être secouru....

Marseille jouit d'un climat qui est reconnu être le plus favorable pour l'observation des astres, d'une pellucidité extraordinaire de l'atmosphère et d'une constance distinguée du beau temps. Ces circonstances avantageuses donneraient à l'Observatoire de Marseille le premier rang parmi tous, quant à l'astronomie planétaire et cométaire, s'il était en état de faire les observations qui s'y rapportent, avec des moyens parfaits.

Examinons ce qu'il faut pour ce but : 1° un bon cercle méridien et muni d'une lunette au moins de 4, s'il est possible de 5 à 6 pouces d'ouverture, pour que les observations planétaires s'y fassent et en même temps celles des étoiles qui ont servi de points de comparaison dans les observations à l'Équatorial.

2° Une grande lunette équatoriale, au moins de 6 pouces d'ouverture, ou mieux d'une ouverture plus grande p. e. de 9 pouces comme celle de Dorpat. Cette lunette doit être pourvue d'un micromètre filaire parfait et dans lequel les fils pourront être éclairés par le reflet, dans le champ obscur, pour rendre possible l'observation exacte des comètes faibles.

3° Un chercheur de comètes de première qualité.

4° Deux pendules de première qualité, dont une doit être placée à côté du cercle méridien et l'autre est destinée à l'usage auprès de la grande lunette, établie sous une tourelle mobile.

5° Un bon chronomètre à boîte qui servira à faire la comparaison des deux pendules.

C'est tout, mais c'est aussi beaucoup; surtout parce que le succès de l'observatoire dépend de l'établissement favorable de ces instruments. J'avoue que je n'ai aucune idée à quel point l'Observatoire actuel de Marseille se prête à l'emplacement de ces instruments. Mais je pense que la France n'hésitera pas en cas de nécessité, de préférer un nouvel établissement parfait à l'arrangement gêné de l'ancien local.

Voilà mes idées qui se rapportent à Marseille, mais une idée fait naître l'autre. La France, protectrice de Tahiti, ne voudra-t-elle pas participer à l'astronomie antarctique et fonder à l'autre hémisphère, dans ce climat unique, un observatoire complet et dans lequel les idées du plus grand astronome français observateur du siècle passé, La Caille, pourront être réalisées sur une échelle digne de notre temps et de la gloire de la France. Les observatoires anglais de l'autre hémisphère laissent encore *beaucoup* à désirer. Il paraît même que celui de Sidney est entièrement tombé en léthargie.

Recevez....

Schumacher à Le Verrier.

31 décembre 1847.

Mon cher et illustre ami.... Je n'admire pas seulement chez vous l'adresse avec laquelle vous maniez l'analyse, mais la sagacité profonde avec laquelle vous pénétrez l'objet que vous traitez et, si vous me permettez de l'ajouter, la source inépuisable de *sens commun* (qui comme vous le savez n'est pas si commun), qu'on voit jaillir dans tout ce que vous écrivez.

Pour faire ma confession entière, j'estime beaucoup plus les deux dernières qualités que la première, qui très souvent dans nos mémoires modernes n'est qu'un jeu mécanique qui rappelle l'adresse (sans doute admirable) des jongleurs indiens. On met la question à résoudre dans la machine dont on connaît tous les ressorts et qu'on sait parfaitement manier ; on la tourne et voilà la solution toute faite qui tombe dehors. Il est bien vrai qu'on a encore besoin après d'un peu de sens commun pour expliquer ce que la machine a donné, mais ce sens commun n'est pas grand chose en comparaison de celui que j'admire de toute mon âme....

A Paris, le calme ne se faisait pas autour de Le Verrier. — Un membre de l'Académie, M. N., qui s'était fait en pleine séance le porte-parole des adversaires de Le Verrier, écrivait dans les *Comptes rendus* (tome XXVII, p. 202), le 21 août 1848, que personne n'admet plus l'identité de la planète de Le Verrier avec celle qui trouble Uranus ; et il cherchait bien au delà de Neptune celle, nommée provisoirement Hypérion, qui produirait les perturbations d'Uranus.

La réponse de Le Verrier ne se fit pas attendre (58), comme on pense, et à ce sujet il s'explique ainsi dans une lettre à Airy :

Le Verrier à Airy.

20 septembre 1848.

Monsieur et honoré confrère. J'avais reculé jusqu'ici à prendre la parole pour répondre à l'objection de ceux qui disent que le Neptune qu'on a trouvé n'est pas celui qu'on avait cherché. Mais lorsqu'on est venu le soutenir en pleine Académie, j'ai été forcé de répondre.

Permettez-moi de joindre ici un exemplaire de ma réponse.

Comme la chose avait fait beaucoup de bruit, il était indispensable que je fusse compris de tout le monde. C'est pour cela que j'ai adopté la forme que vous verrez ; j'en eusse pris une autre si je n'eusse eu affaire qu'à des astronomes.

Je dis qu'on ne pouvait *répondre* des perturbations qu'au *dixième*. Veuillez vous rappeler que les erreurs des tables étaient dues à deux causes : les erreurs des éléments d'une part, et de l'autre les perturbations produites par Neptune, dont l'effet n'est pas très considérable.

Or les incertitudes des données ne proviennent pas seulement des incertitudes des observations, mais bien d'autres causes que nous ne pouvons apprécier, et que j'ai relatées à la page 239 de mon mémoire.

Je félicite l'Observatoire de Greenwich de sa tranquillité. Il est bien difficile sinon impossible de travailler ici. Vous aurez sans doute vu M. de Vico fuyant en Amérique, et M. de Littrow vient de m'écrire que l'émeute avait enlevé le toit de son observatoire pour en faire une forteresse. Agréez....

Cette intervention de M. N. fut sévèrement jugée à l'étranger, comme le prouvent les lettres suivantes :

Ch. Littrow à Le Verrier.

28 octobre 1848.

Monsieur et très honoré confrère.... J'admire autant la justesse, la précision de vos idées, de vos expressions que je ne conçois pas le courage insensé de M. N.... Dès le moment où les observations de Neptune vous ont donné une distance du Soleil plus petite que celle que vous étiez contraint d'adopter, tout astronome se devait attendre qu'on trouvera un jour aussi la masse de la nouvelle planète diminuée dans le même rapport.

Si votre agresseur n'est pas assez astronome pour avoir partagé cette attente dès le commencement, j'aurais cru qu'il est assez savant pour ne pas juger des choses qu'il n'entend point.

Je ne comprends pas comment les secrétaires de l'Académie ont pu admettre une agression tellement ridicule et dirigée contre une gloire des plus brillantes de l'Institut lui-même; le blâmage de M. N..., qui le devrait faire désespérer selon moi, par là est réfléchi sur l'Académie....

J. Herschel à Le Verrier.

Thurs, sept. 22, 1848.

Dear Sir and honoured Collegue,

My faith in Neptune being the real planet which has perturbed Uranus has never for an instant been disturbed either by the dicta of the American Mathematicians or by the paragraphs I have lately seen in the newspapers (for that is all I know about it) relative to M. N's communication to the Institute. It appeared to me that even had M. N... gone into the subject, *de novo* and come to a different conclusion there were at least two calculations against one, — your own and M. Adam's, — and besides a *de facto* verification by the actual finding of a planet in the calculated place.

But from the tenor of your note in the *Comptes rendus* you have sent me, I am led to suppose that M. N's objections are of *a more general nature* and turn upon the discordances between the calculated and real value of a, e, m, of Neptune, and perhaps also on the point so much insisted on by the American geometers as to the inapplicability of the usual perturbations formulæ when $n' - 2n$ is nearly zero. Neither of these considerations frighten me in the least. The discordances are great to be sure, but they seem to me to be anything but conclusive against Neptune being the real source of the anomalies in question. Whenever the subject has been mentioned to me, I have always cited the case of γ Virginis (to wich you allude) and that of 70 Ophiuchi to which Encke and myself have assigned such very different Ellipses, as showing that discordances of elements and especially of mean distances, in such matters are by no means to be regarded as conclusive against a satisfactory representation of very considerable series of observations extending over large arcs of orbits. And to this opinion I adhere. In my *Cape observations* the case of γ Virginis is fully explained, and it is shown how the old Ellipses of 600 years and the new one of 182 years inosculate one another over the whole arc observed between 1750 and 1835, that is to say *near half a revolution*. Yet in that case, although the Period was erroneous in the ratio of 3 : 1, yet the excentricity was perfectly correct and the representation of all the observations then obtained, as accordant as the observations themselves.

It matters very little whether you have formed the axis and excentricity of the planet if it can be shown that you have found the Planet itself. The axis and excentricity are intellectual objects remote results, useful to represent to the mind's eye the general relations of the planet to space and time. The direct object of the enquiry was to say « whereabouts in space at the present moment is the disturbing body and where has it been within reasonable limits for the last 40 or 50 years ». Now it would seem, if I understand the matter that, laying axis and excentricity out of the question, you have assigned this pretty correctly all things considered. It would seem, if I understand the matter rightly, that the excessive magnitude assigned to the axis has been corrected in its effect on the *distance* of the planet, in great measure, by the excessive excentricity, and on its *perturbative force* by the excessive mass*; and that in fact (if I may presume to have an opinion on such a point), a better result would in these respects have been arrived at if the problem had been attacked in a simpler form viz : by assuming a circular orbit for the unknown planet. In that case, since the error in the assumption of the axis *could* not have been palliated by the excentricity, it would have become speedily apparent that the axis had been assumed much too large, and another assumption would have been made. But on the other hand, this very erroneous assumption, so palliated by the counter error of excentricity, has in fact enabled you (with the erroneous mass) to express the perturbations at least with tolerable numerical correctness without falling upon the *merely formal* difficulty which the long Equation arising from the smallness of $n' - 2n$ would have caused had you set out with a semi axis of 3o. I call this a *merely formal difficulty* for reasons which you will at once perceive.

There seems to me to be nothing of *luck* or fortuitous coincidence in the matter. The perturbation of an interior by an exterior planet in the larger planetary orbits becomes large only when the bodies approach conjunctive. The disturbing force of N. on U. in conjunction is 10 or 12 times greater than in opposition or in quadratures.

Now, the first and only conjunction of N. and U. which has taken place since 1690 has been that of 1820, and the period of disturbance may, I suppose, be taken at about 20 years on either side. No wonder therefore that in the latter years of this process, attention should have been excited to the effects of that action which in the interval had changed its sign and undid its former work. In

---

(*) The same remark applies to M. Adam's solution.

this there is nothing fortuitous (except that happily astronomical observation was sufficiently advanced to notice such small anomalies). — Again — the perturbations happen about conjunction. This in great measure indicates the direction in which the new planet must be. A mere consideration of your table in p. 143 of the errors in longitude upon the then most probable elliptic orbit shows at once that Uranus must have been accelerated in the interval from 1794 to 1817 and retarded in that from 1817 to 1830, which would *alone and without calculation* suffice to show in a rough way that the new planet must have been in conjunction somewhere about 1817, — and though the inosculations of your ellipse with the true curve in 4 points not equidistant sufficiently prove that errors in the elliptic elements are mixed up with these of perturbation and that therefore the epoch 1817 cannot be *precisely* that of the change of sign of the disturbing force, this consideration is I think quite sufficient to show that it really *is* Neptune which has caused the perturbations.

Moreover both yourself and M. Adams, not content with simply stating a result that N. has such and such a longitude at a given epoch — such and such an axis, excentricity, etc., (or rather such and such a distance from the Sun at and about conjunction time), have thought it necessary, (as indeed it was indispensable) to reverse the question and to enquire whether or not the hypothetical planet, no matter how get at, would account for the perturbations and reconcile the observations, and you found that it did so to a very great extent. — Nor can it, I think, be doubted that between the limits $a = 36$ or 38 and $a = 30$ any value of a might have been assumed, and corresponding values of m, e, and ϖ been found which would have given *the same longitude for* 1846 and a reasonable representation of the perturbations.

I am on the point of publishing a work entitled « Outlines of Astronomy » in which I think I have succeeded in placing some

points of the Planetary and Lunar perturbations in a very elemen-
tary and intelligible point of wiew, so simple indeed that I am
astonished it did not occur to Newton as it would have led him at
once to Laplace's general formula for the variations of the perihelia
and excentricities, and saved him the writing of his celebrated 9th
section. — In this work of course I must find some account of Neptune, and I hope to do it in a way which shall not be displeasing
either to yourself for to M. Adams — and I hope also to find the
salient points of the present discussion in a light intelligible to
all the world.   I remain....

Hind à Le Verrier.

Mr Bishop's Observatory, Regent's Park,
London, 1848, September 25 (1).

My dear Sir. I was very much gratified on receiving your letter
last Thursday and beg to return you my best thanks for the enclo-
sure respecting Neptune which I can assure you I have read more
than once with the greatest interest. My opinion I presume will
be the same as that of every person who has any pretensions to a
knowledge of Astronomy, viz : that you have not only completely
overthrown all the arguments brought against you, but likewise
placed your opponents in rather an inenviable light.

---

(1) Cher Monsieur. J'ai été très heureux de recevoir votre lettre de jeudi,
et je vous envoie mes meilleurs remercîments pour la communication au sujet
de Neptune que j'ai lue plus d'une fois avec le plus grand intérêt. Je pense
que mon avis est le même que celui de toute personne ayant quelque pré-
tention à la connaissance de l'Astronomie, c'est-à-dire que non seulement
vous avez renversé tous les arguments apportés contre vous, mais que vous
avez montré vos adversaires sous un jour plutôt inenviable.

Plusieurs paragraphes, copiés d'après les journaux parisiens, ou pré-
sentés comme venant des correspondants de Paris, ont paru dans le *Times*
et dans d'autres journaux importants de Londres. L'un d'eux, imprimé il y a

Several paragraphs, either copied from Parisian Journals or purporting to come from correspondents in Paris, have appeared in the *Times* and other leading papers in London. One of them printed about ten days since and by no means couched in terms of due respect, informed us that Neptune was not M. Le Verrier's planet and that M. Le Verrier had partly admitted his error before the Academy of Sciences! I confess I looked upon this as either the result of ignorance or misrepresentation, yet such articles have weight with the public generally. Surely there cannot be any serious wish to detract from the merits of that grand discovery, forming the most glorious achievement of which Astronomy can boast; least of all, in the Institute of France. But is it not a matter of history, my dear Sir, that certain small objectors follow in the wake of every grand improvement or discovery in human Science?

I have felt much inclined to furnish English readers with an abstract of your reply, but from an unwillingness to intrude myself in the matter have not yet done so, though I have translated a part of it for the purpose....

---

viron dix jours et qui n'était pas conçu dans les termes du respect convenable, nous informait que Neptune n'était pas la planète de M. Le Verrier, et que M. Le Verrier avait en partie reconnu son erreur devant l'Académie des Sciences! J'avoue que j'ai considéré ceci comme le résultat de l'ignorance ou de la mauvaise foi. Cependant de tels articles ont du poids auprès du public en général. Sûrement, il ne peut y avoir aucun désir sérieux de nier les mérites de cette grande découverte, formant la conquête intellectuelle la plus glorieuse dont l'Astronomie puisse se vanter ; à l'Institut de France moins que partout ailleurs. Mais n'est-ce pas un fait historique, cher Monsieur, que certains petits contradicteurs suivent l'éveil de chaque grand progrès ou de chaque découverte dans la Science humaine ?

Je me suis senti très enclin à donner aux lecteurs anglais un extrait de votre réponse ; mais par suite de ma répugnance à me mêler de cette affaire, je ne l'ai pas encore fait, quoique j'en aie traduit une partie dans cette intention....

L'année suivante changea considérablement la situation de Le
Verrier :

Le 2 février 1849, il fut nommé professeur d'Astronomie à la Sorbonne. Candidat à la députation de la Manche, sous le patronnage du
Comité électoral des *Amis de l'Ordre*, il fut élu à l'Assemblée nationale
législative, où il fut rapporteur de diverses Commissions, notamment
de celles relatives aux lignes télégraphiques et aux chemins de fer.

Après le Coup d'État et la proclamation de l'Empire, Le Verrier fut
choisi, avec d'autres savants, pour faire partie du Sénat impérial ; et
après la mort d'Arago, survenue le 2 octobre 1853, il fit partie de la
Commission instituée, par arrêté du 28 octobre de la même année,
pour « examiner les améliorations à apporter dans l'organisation
scientifique et administrative de l'Observatoire de Paris et du Bureau
des Longitudes ».

Cette Commission agita la question du transfert de l'Observatoire
hors Paris, question qui fut résolue négativement.

Le décret du 30 janvier 1854, qui s'inspira du projet de cette Commission, sépara complètement l'Observatoire et le Bureau des Longitudes, confiant la direction de l'Observatoire à un directeur permanent, et disposant (art. 12) que, « tous les deux ans au moins, le
Ministre se fait rendre compte de la situation scientifique et des
besoins de l'Observatoire impérial par une Commission... ».

Le directeur choisi fut Le Verrier (décret du 31 janvier 1854),
qui hésita, dit-il lui-même, très sérieusement à se charger de la
direction de l'Observatoire.

Voici les lettres que Hind lui écrivait à cette époque :

Hind à Le Verrier.

London, 1853, December 23.

My dear Sir. I have just seen a paragraph in one of our news
papers announcing that it was probable you would accept the post

of Director of the Observatory at Paris. I sincerely hope this may be true, and I lose not a moment in expressing to you the high gratification I should feel if such an event takes place.

The last new planet we propose to call « Euterpe » (¹). The Nautical Almanac for 1857 (which I shall send to morrow or Monday to the Academy of Sciences for you) contains an ephemeris of Euterpe and of all the other newly discovered planets for 1854 : the places are merely approximate, but I hope will prove useful.

I have added 47 new clock stars to the old list for the greater convenience of the practical astronomer.

Have you examined the circumstances of the Eclipse of the Sun on March 15ᵗʰ 1858? It promises to be extremely interesting from the near equality of the diameters of Sun and Moon : the eclipse will be annular, but very nearly total.

I remain, my dear Sir....

Hind à Le Verrier.

London, 1854, November 2.

My dear Sir, I am delighted to find that the Observatory of Paris is likely to contribute so eminently to the progress of discovery amongst the planetary worlds. Your having considered a search for these bodies on a systematic plan, of sufficient importance to be vigorously taken up at the Imperial Observatory, cannot fail to give a great impetus to this kind of research. Surely amongst us we shall bring to light the planet exterior to Neptune ; I begin to suspect it is either further from the ecliptic than analogy would lead us to think or that it is fainter than we might reasonably anticipate.

Dr Marshall Hall, whom I once furnished with an introduction

(¹) Petite planète découverte à Marseille par Chacornac, que Le Verrier appela bientôt à Paris.

to you, which he was unable to use, has just begged a few lines with the same object. He is one of our most eminent physicians and most enthusiastic in his admiration of our Science. I believe he will pass through Paris in a week or ten days on his way to Italy and Egypt.

Mr Ferguson writes me that he has named his planet « Euphrosyne ». I shall be very glad to learn your decision respective the name of the last planet of M. Chacornac.

I find from M. Lassell's Malta (1852) observations compared with those of previous years, that the motion of Neptune's Satellite is *retrograde* ($i = 151°$). In the course of 10 days I shall have the pleasure of forwarding to you the Nautical Almanac for 1858, with a supplement containing approximate ephemerides of all the new planets except Urania and Euphrosyne for 1855. I remain....

Dès ce moment, l'action de Le Verrier se fait sentir dans de multiples directions, et il y aurait lieu de considérer successivement l'administrateur, l'astronome, le météorologiste, etc.

III.

LE VERRIER DIRECTEUR DE L'OBSERVATOIRE.

Après avoir pris contact avec sa charge, bien nouvelle pour lui, Le Verrier écrit (décembre 1854), le Rapport célèbre (100) qui ouvre si magistralement les *Annales de l'Observatoire de Paris* (Mémoires), et auquel on peut faire remonter diverses entreprises ultérieures de Le Verrier.

Il passe successivement en revue les principaux travaux que doit entreprendre l'Observatoire, pour être digne de la France; il indique les mesures qui sont nécessaires, et qui lui furent promises.

Mais ces mesures n'arrivaient pas assez vite, au gré de Le Verrier, comme il résulte de l'intéressante lettre suivante :

Le Verrier au Maréchal Vaillant

(envoyée le 29 décembre 1856).

Monsieur le Maréchal, trois années se sont écoulées depuis le jour où, sur le rapport émané de Votre Excellence (décembre 1853), le Gouvernement a essayé de reconstituer l'Observatoire de Paris sur des bases sérieuses. Ces trois années sont la limite qu'on avait cru devoir fixer à la durée de la réorganisation projetée. Or comme il s'en faut de beaucoup que l'œuvre soit aujourd'hui près de son terme, il est devenu nécessaire d'examiner les causes de ce fâcheux retard et de rechercher si, au prix d'une action immédiate, les promesses faites officiellement au monde scientifique pourraient encore recevoir accomplissement.

La Commission qui fut chargée en 1853 d'examiner la situation de l'Observatoire l'a reconnue fort insuffisante. Les instruments étaient dans un état d'infériorité regrettable. On ne possédait qu'une faible lunette méridienne et un cercle encore moindre. Point de machine parallactique sérieuse. Nulle étude de magnétisme terrestre n'avait été faite depuis 10 ans. La météorologie n'existait pas.

Les fonctionnaires étaient misérablement logés, quelques-uns dans des réduits humides, malsains.

A tous ces inconvénients, si nettement signalés dans le rapport de Votre Excellence, il faut ajouter qu'on ne disposait, pour faire face aux dépenses courantes et extraordinaires de la nouvelle organisation, que d'un crédit annuel de quarante-cinq mille francs, attendu que sur les cent vingt-cinq mille francs alloués aux éta-

blissements soi-disant astronomiques, quatre-vingt mille étaient
absorbés par les sinécures du Bureau des Longitudes.

Aussi, Votre Excellence le sait, hésitais-je très sérieusement à
me charger de la direction du nouvel Observatoire, non pas seulement à cause de la grandeur de la tâche, mais surtout parce que
les ressources pécunaires étaient par trop minimes.

Mais Votre Excellence voulut bien me représenter que si le
Gouvernement français décrétait l'organisation d'un grand Observatoire, il allait sans dire qu'il fournirait les fonds nécessaires, que
dès que le nouveau Directeur aurait étudié la question et fixé la
somme nécessaire, elle serait infailliblement allouée.

Monsieur le Maréchal voulait bien d'ailleurs me promettre son
concours actif et persévérant, concours auquel la position scientifique de Son Excellence donne une si grande autorité dans les
conseils. Je fus donc entraîné à croire que le moment de constituer enfin en France un grand établissement astronomique pouvait
être venu.

Le décret impérial du 31 janvier 1854 statua en effet qu'un
Observatoire de premier ordre serait constitué conformément aux
idées exposées dans le rapport de Votre Excellence. Aux termes
de ce décret, le Directeur devait avant tout étudier la nouvelle
organisation et soumettre à l'approbation du Ministre le plan qui
devrait être suivi pour porter l'établissement à un niveau honorable. J'ai satisfait à ce devoir dans un Mémoire détaillé adressé à
M. le Ministre de l'Instruction publique en décembre 1854. Les
propositions contenues dans ce travail ont été approuvées de la
manière la plus formelle dans un rapport du Ministre à Sa Majesté
et par un décret impérial inséré au *Moniteur* du 23 février 1855.
C'est ainsi que l'organisation scientifique de l'Observatoire de
Paris est devenue officiellement exécutoire, et que nous avons été
autorisés à placer en tête de nos Annales le programme adopté
par le Gouvernement.

Pour accomplir les ordres du Gouvernement, j'ai demandé :

1° Une allocation annuelle et régulière de 97 500ᶠʳ ;

2° Un crédit extraordinaire de 305 000ᶠʳ indispensable pour pourvoir à la première installation.

Je me bornerai, pour faire apprécier la modicité de ces demandes, à rappeler que lorsqu'on voulut, il y a 15 ans, reconstruire l'Observatoire de Saint-Pétersbourg, l'empereur Nicolas accorda un crédit illimité, sur lequel il fut dépensé deux millions et demi, outre le prix de très vastes terrains donnés par la Couronne (¹). On alloua en outre 300000ᶠʳ pour les fondations météorologiques (²). Pendant la dernière guerre, l'empereur Alexandre donnait à son tour 200000ᶠʳ (³). Les crédits annuels dépassent 180000ᶠʳ ; aussi quels magnifiques établissements ! L'Angleterre, l'Amérique sont aussi richement pourvues.

En comparaison de ces puissantes ressources, mes propositions furent trouvées très modérées ; du moins n'en devait-il être rien retranché.

Sa Majesté daigna bientôt porter notre crédit annuel à la somme de 97500ᶠʳ. Quant à l'allocation extraordinaire, il fut remis à y pourvoir au commencement de 1856. L'Empereur voulait que j'eusse d'abord examiné s'il eût été utile de transférer l'Observatoire en dehors de Paris comme on l'avait fait de celui de Saint-Pétersbourg. Mais la nécessité d'un crédit extraordinaire, disponible à partir du commencement de 1856, était nettement admise.

Aussi, lorsque le crédit annuel m'ayant seul été alloué en 1855, je proposai à M. Fortoul d'en distraire une partie pour l'affecter aux installations, Son Excellence s'y opposa-t-elle, me déclarant que le crédit annuel devait être entièrement affecté à la mise en

---

(¹) Voir la description de l'Observatoire central de Poulkowa.
(²) Rapport de Kupfer au directeur de l'Observatoire de Paris.
(³) Lettre de M. Struve au directeur de l'Observatoire de Paris.

train et à la préparation de l'ensemble des travaux scientifiques approuvés par le Gouvernement, attendu que le crédit extraordinaire, nécessaire pour l'installation définitive, était chose convenue pour 1856.

C'est en vertu de ces décisions et de ces ordres, et plein de confiance dans l'accomplissement de promesses confirmées par Votre Excellence elle-même, que nous avons commencé la mise à exécution du programme officiel dans toute son étendue. La refonte des instruments astronomiques, la revision des catalogues, la recherche d'astres nouveaux, une description précise du ciel, la vérification des travaux géodésiques de la France, la discussion des anciennes et des nouvelles observations astronomiques, l'établissement de la météorologie à Paris et sur les divers points de la France, l'étude du magnétisme, etc., tout a été entrepris sur des bases nouvelles et précises. Sur tout on réunissait et l'on formait un personnel d'élite. Jamais on n'opposait un refus à celle des administrations qui nous faisait l'honneur de nous consulter dans les affaires touchant à la Science, ou même de nous charger de leur étude. Il appartient à Votre Excellence d'apprécier si ces premiers efforts ont porté quelques fruits heureux.

L'année 1856 arriva cependant et, conformément à ce qui avait été convenu, nous revînmes vers le Gouvernement avec la proposition de laisser définitivement l'Observatoire à Paris et la demande pressante de l'allocation du crédit extraordinaire indispensable pour mener à bien les entreprises commencées.

Nos vues furent encore approuvées et l'Empereur daigna annoncer sa volonté de venir en personne prendre connaissance de l'établissement.

Ce fut alors que le sort des précédentes entreprises devant paraître bien fixé, j'osai parler de la possibilité qu'il y aurait peut-être d'essayer la construction d'une très grande lunette avec des verres de 74^{cm}. Je ne cachai pas que ce serait une grande et difficile opération pour laquelle il faudrait un travail opiniâtre et des ressources considérables et qui, par conséquent, ne devait pas être commencée avant qu'on eût assuré l'accomplissement des autres travaux officiellement annoncés et déjà en voie d'exécution.

L'Empereur honora l'Observatoire de sa visite le 24 mai. Sa Majesté était accompagnée de l'archiduc Maximilien d'Autriche et du prince Oscar de Suède. Elle voulut bien, dans une visite de plus de deux heures, entrer dans tous les détails de l'organisation projetée et lui donner sa pleine et entière approbation (¹).

L'étude des grands verres avait avancé et, sur la preuve que nous donnâmes à l'Empereur de leur pureté, Sa Majesté nous déclara sa volonté d'en faire l'acquisition. Tel est le motif pour lequel nous avons depuis lors porté notre crédit extraordinaire de 305 000ᶠʳ à 330 000ᶠʳ.

Vous le voyez, Monsieur le Maréchal, basé sur un rapport de Votre Excellence, approuvé par deux rapports du Ministre de l'Instruction publique, officiellement publié par l'ordre du Gouvernement, consacré de la manière la plus éclatante par la visite de Notre Souverain, le programme de l'Observatoire eût semblé ne devoir rencontrer aucune difficulté d'exécution.

Malheureusement il n'en a point été ainsi et il serait très délicat d'en rechercher, très difficile d'en définir la cause. Il est seulement évident que les intentions de Sa Majesté n'ont pas été remplies. Il nous restait à obtenir qu'une proposition régulière de crédit fut présentée à la signature de Sa Majesté. On m'assura d'abord qu'il fallait attendre la fin de la session du Corps législatif, plus tard, le retour de Sa Majesté absente.

Sur ces entrefaites, M. le Ministre de l'Instruction publique étant venu à mourir, Votre Excellence fut chargée de l'intérim.

(¹) Un achat de terrain, dont au reste la valeur n'était pas comprise dans les précédentes demandes, fut seul ajourné par S. M., et dès lors nous en avons abandonné la pensée.

Nous crûmes toucher au dernier terme de nos incertitudes. Il nous semblait impossible que Monsieur le Maréchal, qui avait mis le premier la main à la réédification de l'Observatoire, ne considérât pas comme une gloire enviable pour le membre de l'Académie des Sciences, d'achever son œuvre. En présence des intentions hautement manifestées par l'Empereur, la chose paraissait facile.

Votre Excellence sait que mes plus vives instances ont seulement pu obtenir d'elle la régularisation du crédit annuel déjà consacré par un décret de l'Empereur et par un vote du Corps législatif.

Nous regrettons amèrement cette abstention de Monsieur le Maréchal dans une affaire qui n'est point de pure administration, mais qui constituera sans doute un point important de l'histoire scientifique. Nous déplorons que Votre Excellence n'ait pas daigné y prendre la place qui lui appartenait, en assurant l'accomplissement des généreuses et libérales intentions du Chef de l'État.

Le temps marchait néanmoins et le sort des diverses entreprises se trouvait compromis. Si en effet nous avons, dès 1855, commencé une suite de travaux pour lesquels il eût fallu au commencement de 1856 un crédit spécial dont la nécessité n'était niée par personne, et si, nonobstant l'absence de ce crédit les entreprises ont été continuées, ce n'a pu être évidemment que par des moyens exceptionnels, en réduisant le traitement des fonctionnaires pour subvenir aux dépenses d'installation provisoire et en escomptant les ressources de l'avenir. Mais il est clair qu'un pareil système devrait avoir un terme, et mon zèle et mon dévouement seraient impuissants à le prolonger au delà des trois années pendant lesquelles il a déjà trop duré.

Notre matériel est déplorable ou manque absolument. Mal payés, misérablement logés, les fonctionnaires s'éloignent; les entreprises scientifiques s'étiolent et meurent. L'Étranger veut bien envoyer

en France des missions spéciales pour en achever quelques-unes.
La Direction ne sachant plus sur quoi compter ne voit plus la
route à suivre et s'arrête. Continuera-t-elle à s'efforcer de marcher
de pair avec l'Étranger? Elle se préparerait un désastre scientifique.
Réduira-t-elle au contraire le rang assigné à l'Observatoire par le
décret de 1855? Elle méconnaîtrait les intentions de l'Empereur.

Cependant le monde scientifique est convaincu en France et à
l'Étranger que j'ai réclamé des ressources bien autres et qu'elles
ont été mises à notre disposition. On l'écrit, on l'imprime, on le
produit devant Monsieur le Maréchal, au sein de l'Académie des
Sciences. Si, pour rejeter la responsabilité imméritée de ne point
savoir tirer parti de ressources imaginaires, je désire faire connaître que ces ressources n'existent pas, Votre Excellence assure
que je dois à mon Gouvernement de ne pas faire une telle déclaration.

Votre Excellence a trop le sentiment du juste pour exiger que
je subisse indéfiniment une situation si faussé et si comprometi-
tante.

D'un autre côté, par suite de nos engagements et à cause de l'allocation que M. le Ministre a obtenue pour l'achat des grands verres,
j'ai dû suivre une négociation avec la maison de Birmingham et passer
avec elle, le 8 du présent mois, un traité sur lequel le Ministre aura
à se prononcer. Cet acte, intervenant dans des conditions autres que
celles que j'avais prévues, a dû me conduire à faire sur notre situation de sérieuses et mûres réflexions.

Si le Gouvernement ne peut nous allouer aucune partie des
fonds nécessaires à l'établissement sérieux de travaux antérieurs,
sommes-nous en mesure de passer à de nouvelles entreprises? Les
verres une fois achetés, qu'arriverait-il? M. le Ministre nous ayant
autorisé à les acquérir mais point à les tailler, nous faudra-t-il
nous remettre à solliciter et, parce qu'il faudrait le faire pour des

sommes plus importantes, serions-nous plus heureux? En le supposant, n'est-il point à craindre que les crédits disponibles ne fussent absorbés par la nouvelle opération, et que deviendraient alors les précédentes entreprises?

D'ailleurs la construction d'une lunette de 60 pieds de longueur est une œuvre artistique d'une difficulté inouïe, qui réclamerait de notre part une attention et une réflexion soutenues, incompatibles avec notre état de désorganisation, et alors quelle amère déception si le résultat n'était point satisfaisant!

Je me résume, Monsieur le Maréchal, dans les trois propositions suivantes :

1° Le traité pour l'acquisition des grands verres ne doit pas être passé avant qu'il ait été pourvu par annuité à l'allocation nécessaire pour l'achèvement des entreprises précédemment commencées en exécution des ordres du Gouvernement.

2° Dans le cas où cette allocation ne nous serait point accordée, il sera urgent de réduire l'étendue des opérations entreprises et, comme on ne peut pas consentir à être médiocre en tout, il faudra bien supprimer complètement quelques services, nonobstant l'organisation décrétée en 1855. L'Observatoire deviendra un observatoire de second ordre.

3° Ces amputations douloureuses vous paraîtraient incompatibles avec la dignité du Pays. Les Rapports et Actes officiels les rendent impossibles. M. le Ministre de l'Instruction publique et des Cultes vient d'être mis au courant de la situation et nous avons cru de notre devoir, Monsieur le Maréchal, de faire un pressant appel à votre puissante intervention pour consolider une institution créée sous vos auspices.

Nous ne croyons pas proposer à Votre Excellence une œuvre indigne d'elle en lui demandant de conquérir un nouveau titre sérieux et durable à la reconnaissance des amis de la Science et de l'honneur national.

Dans la suite Le Verrier devient encore plus pressant, comme il résulte de cette réponse du Maréchal Vaillant :

Le Maréchal Vaillant à Le Verrier.

26 août 1857.

Monsieur le Directeur, cher collègue
et encore plus cher confrère,

Votre dépêche électrique m'est arrivée pendant que j'étais au Conseil à côté de l'Empereur : j'ai dit à Sa Majesté (qui reçoit toutes les dépêches, ne l'oubliez jamais) « je défie bien à votre Majesté de comprendre celle-ci ! — Non, en effet, qui est-ce qui vous écrit? — Monsieur Le Verrier. — Eh bien? — Eh bien M. Le Verrier.... » Alors j'ai tout raconté, vos exigences de savoir, votre tyrannie à l'égard de ces pauvres ministres de la Guerre, de la Marine, des Colonies, de l'Instruction publique et des Cultes (cela me rappelle l'Espagnol demandant à loger et l'aubergiste fermant sa fenêtre).

L'Empereur a souri au récit de vos susceptibilités de directeur de son Observatoire Impérial : l'Empereur veut (entendez vous ce *veut?*) que vous écriviez à M. Struve de venir. L'Empereur espère le voir ; Sa Majesté se promet de lui faire bon accueil, comme a droit de l'attendre, du Souverain de France, un savant d'un ordre aussi élevé que M. Struve, et s'il ne lui fait pas voir un objectif de 40 ou 50 centimètres, il lui fera voir de beaux édifices, un beau pays, une belle armée.

Rappelez-vous que le *sic itur ad astra* ne s'est pas dit seulement des astronomes et de leurs lunettes méridiennes ou équatoriales.

Allons, faites donc venir M. Struve et s'il trouve que nous

sommes arriérés, que notre Observatoire ne brille pas encore de
cet éclat que vous êtes en train de lui procurer, nous lui deman-
derons : qu'eussiez-vous donc dit, si vous étiez venu il y a cinq ans?

Au surplus, l'Empereur Napoléon, sans croire que son Observatoire ne puisse plus rien gagner, se console en pensant que le
Directeur de cet établissement laisse bien loin derrière lui tous les
directeurs des autres observatoires. Ce dernier coup de patte n'est
pas mal et je m'y tiens. Dieu merci! vous ne direz pas que je vous
écorche. J'ajouterai de grand cœur encore que j'exprime une vérité bien sentie par moi et par tous les admirateurs de votre grand
mérite.

Croyez à mon très sincère attachement,

M^{al} VAILLANT.

Le 20 janvier 1857 Le Verrier avait adressé déjà à l'Empereur une
requête sur le même objet, et signalé la situation précaire de l'Observatoire, les difficultés budgétaires auxquelles se heurte le projet de
réorganisation, etc.

En même temps, de nouvelles entreprises s'imposaient : telle est
celle dont il est question dans la lettre suivante :

W. Struve à Le Verrier.

Hambourg, 1857, avril 4.

Mon très cher ami et illustre confrère, après un intervalle de
10 ans, je me suis décidé à faire une excursion de plus longue
durée, pour revoir mes amis en Allemagne, en France et en Angleterre, pour reconnaître plus intimement les progrès qu'a fait
l'Astronomie pratique dans cet espace de temps, pour voir surtout
l'Observatoire Impérial de Paris, qui a entièrement changé sous
votre direction, enfin pour me délasser un peu d'un travail presque

trop assidu. A ce but général de mon voyage, je joins un autre but spécial. Les opérations de l'arc de méridien de 25°, entre la mer Glaciale et le Danube, sont achevées depuis deux ans. Deux volumes in-4° de l'Ouvrage relatif à ces opérations sont imprimés, en deux éditions, l'une française, l'autre russe. Le troisième volume, qui contiendra les latitudes et les résultats que présentent notre mesure, comparée à tous les arcs du méridien mesurés jusqu'à présent, est préparé et l'impression en commencera immédiatement après mon retour.

Dans les dernières dix années, les opérations géodésiques en Russie ont pris un développement toujours croissant. Les triangles du premier rang s'étendent depuis la frontière de la Prusse jusqu'à Astrakhan sur la mer Caspienne, et offrent un arc de parallèle d'au delà de 30 degrés, avec les longitudes déterminées, par le transport du temps, avec une précision très élevée. Voilà donc des matériaux pour un arc de longitude très étendu. Mais pourquoi ne pas étendre cet arc jusqu'à la mer Atlantique, à travers le continent de l'Europe. Entre Brest et Astrakhan, il y a 55° de longitude et, si je suis bien instruit, les triangles entre ces points extrêmes vont sans interruption ; car la jonction entre les travaux géodésiques de Russie et de Prusse est faite et les triangles de Prusse conduisent soit directement, soit par la Belgique, aux opérations de France. Il s'agit donc, non pas de nouveaux travaux, mais d'utiliser ce qui a été fait dans le courant de trois quarts de siècle, au profit de la Science.

Ayant dirigé l'attention du Gouvernement russe sur le projet d'un arc de longitude européen, j'ai été chargé d'un voyage pour m'aboucher préalablement avec les autorités compétentes de France et de Prusse. A Berlin, ma proposition a été accueillie le plus favorablement. Maintenant, j'ai à apprendre vos vues sur cette proposition d'un *travail commun*.

C'est surtout notre Grand-Duc Constantin que vous connaissez

qui prend le plus vif intérêt à la réalisation du projet, et a cru
propice de la recommander au Maréchal Vaillant dans une lettre
dont je suis le porteur.

A présent, je vous prie, mon cher ami et confrère, de bien vouloir me faire savoir *quand* il sera le plus propre, dans l'intérêt de
ma proposition, de venir à Paris. Veuillez m'adresser quelques
mots de réponse à Bonn, à l'Observatoire, où je serai à peu près
le 10 août. J'attendrai cette réponse pour prendre mes résolutions
sur une excursion en Suisse, où ma femme veut voir ses parents.
Ma femme restera en Suisse, et j'ai l'intention de venir à Paris,
avec mon fils Charles, jeune mathématicien de 22 ans, qui se trouve
actuellement à Bonn.

Enfin, je vous demande franchement si j'ose compter sur votre
hospitalité à l'Observatoire, comme j'en ai joui dans votre logis
privé, il y a précisément 10 ans.

Votre ....

Le Verrier entretint aussi des relations personnelles avec Napoléon III, qui le consulta notamment à propos de divers détails relatifs
à la *Vie de César*, et dont voici une des lettres :

Napoléon III à Le Verrier.

Compiègne, 25 novembre 1862.

Mon cher Monsieur Le Verrier, je vous écris pour vous prier
de me rendre un service. Ce serait de me faire une table dans
laquelle seraient indiquées, d'après la Note ci-jointe, les heures
romaines d'après les saisons. Je m'explique : les Romains divi-
saient dans toutes les saisons la nuit et le jour en 12 heures, de
sorte que les heures de la nuit étaient plus courtes l'été et plus
longues l'hiver et *vice versa*. Les heures du jour étaient plus longues

l'été, plus courtes l'hiver. Maintenant j'ignore complètement à quelle époque ces changements se faisaient ; c'est-à-dire si c'était tous les mois ou tous les trois mois, ou simplement au solstice qu'ils réglaient le temps. Il vous sera facile, je pense, de trouver le moyen pratique qu'ils avaient inventé pour augmenter ou diminuer les heures d'une manière régulière. Quand je serai de retour à Paris, j'aurai même à vous consulter au sujet de la traversée de César en Angleterre ; mais aujourd'hui je me borne à cette question des heures, en vous remerciant d'avance et en vous donnant l'assurance de mes sentiments distingués.

NAPOLÉON.

La nomination de Le Verrier à l'Observatoire, en 1854, lui avait créé des adversaires qui ne désarmaient pas, et toujours prêts à soutenir les réclamations du personnel. Malgré cela, les années écoulées de 1854 à 1867 avaient été pour cet établissement des années de paix et surtout de fécondité scientifique. Mais l'extension énorme de la *Météorologie* et la fondation, en 1864, de l'*Association scientifique pour l'avancement des Sciences*, suscitèrent de nouveaux conflits.

Aux termes du décret du 30 janvier 1854, une Commission devait se réunir tous les deux ans pour examiner la situation de l'Observatoire. Cette disposition, restée jusque-là lettre morte, fut mise à exécution pour la première fois en octobre 1867, et la Commission nommée alors prépara un projet de décret réorganisant l'Observatoire. Ce projet fut présenté par le Ministre à la signature de l'Empereur en Conseil, mais il ne fut pas agréé, et il fut renvoyé à l'examen de la Section de l'Intérieur et de l'Instruction publique du Conseil d'État.

Le projet fut remanié par la Section, et de ses délibérations sortit le texte du décret du 3 avril 1868, qui a régi l'Observatoire jusqu'en 1872.

Ce décret instituait un Conseil de 9 membres devant se réunir au moins une fois par mois et comprenant, avec le Directeur comme président, quatre astronomes ou physiciens titulaires de l'Observatoire ; il devait proposer au Ministre un règlement pour les séances.

L'interprétation du décret, particulièrement en ce qui concerne le droit d'initiative des membres du Conseil, l'élaboration du règlement, etc., donnèrent lieu à de nombreuses discussions qui remplirent de longs mois. Le Conseil voulut même séparer de l'Observatoire le service météorologique, création de Le Verrier. Plusieurs fois le Conseil se trouva en opposition complète avec son Président; il fallut en appeler au Ministre. En même temps, se discutait à l'Académie la question du transfert de l'Observatoire hors Paris.

C'est dans ces conditions que furent échangées, entre le Ministre et Le Verrier, diverses lettres dont l'une est ici reproduite :

5 décembre 1868.

Monsieur le Ministre,

Vous m'avez fait l'honneur de m'écrire deux nouvelles lettres.

Une précédente dépêche de Votre Excellence ne soulevait pas moins d'une dizaine de difficultés. J'y ai répondu par article et avec la plus grande résignation ; mais avec l'espérance que ce fût pour la dernière fois.

Aujourd'hui, cependant, vous entrez sur un terrain nouveau. Vous vous occupez des plans scientifiques, et vous avez décidé qu'ils seraient arrêtés en décembre. Si le Directeur n'est pas prêt, on nommera une Commission qui s'en chargera.

J'accepte de vous donner encore des explications sur la situation à cet égard. Mais, cela fait, je vous demanderai instamment de me laisser aux travaux scientifiques dont je suis chargé. La culture de la Science ne s'accommode pas de cette agitation continuelle.

M. A. m'a envoyé pour tout plan de son service, *observer le plus possible*. Je me contente de ce plan et le trouve excellent.

M. B. a toujours été absent. Je ne pourrais pas sérieusement demander un plan à ce physicien, qui ne sait rien encore de l'Astronomie.

M. C. m'a refusé le plan que je lui ai demandé. Votre Excellence

aime à supposer que c'est parce que je n'ai pas reçu M. C. J'ai
eu l'honneur de vous écrire le contraire. J'ai reçu M. C. en temps
utile et il m'a refusé en alléguant des motifs que je vous ai fait
connaître. Ce fonctionnaire n'a, du reste, fait qu'user du droit que
vous reconnaissez à ces Messieurs de ne suivre les instructions du
Directeur que quand il leur convient. Je ne saurais accepter la
responsabilité des conséquences de principes contraires à toute
espèce d'ordre.

Restent les Catalogues et les Observations méridiennes. A cet
égard, il y aurait un plan et un beau plan à proposer. Je m'en
occupais. M. D. a bien voulu me soumettre quelques idées au sujet
des Observations méridiennes. Ce fonctionnaire, resté malade à
Vienne, n'a pu revenir que vers la fin de novembre. Du reste, je
n'aurais pas été en mesure de lui donner un bon conseil ; réserve
qui vient peut-être de ce que je connais un peu la question.

En effet, je pressais chaque jour M. E. d'arriver à me présenter
un avant-projet pour la réduction d'un Catalogue des deux à trois
cent mille observations déjà effectuées. M. E. m'a remis son travail à la fin de novembre. Si quelqu'un trouve qu'il a pris trop de
temps, je serai obligé de contredire cette opinion, peut-être encore
parce que je connais un peu la question.

J'ai, en effet, après l'illustre astronome de Kœnigsberg, repris
la discussion des travaux méridiens du grand observateur anglais
Bradley. Aux résultats que Bessel en avait déduits, dans son
immortel Ouvrage les *Fundamenta Astronomiæ*, j'ai apporté
diverses modifications. Les Allemands s'en sont émus et ont mis
au concours la vérification de ces corrections. Chacun des concurrents est resté au tiers du travail par cette considération, m'ont-ils
écrit, que, trouvant toujours le même résultat que moi, il n'était
pas nécessaire d'aller plus loin. Il s'agissait des Catalogues pour la
période de 1750 à 1755.

J'ai fait ensuite des travaux analogues pour les 46 ans d'observations de Maskelyne, pour les 25 ans de Pound, pour les deux séries des observations de Kœnigsberg, et je me suis même permis de revoir, avec l'approbation de M. Airy, les observations de Greenwich, au point de vue des erreurs systématiques. Paris en entier a été réduit par mes soins et sur mes bases.

Ces travaux m'avaient inspiré le goût et donné peut-être les connaissances nécessaires pour entreprendre et mener à bon port, au sujet des étoiles, une œuvre digne de la France. La première chose était de concilier les observations à venir, autant que possible, avec les observations passées, afin d'utiliser les observations dans le Catalogue et inversement de compléter celui-ci là où on éprouverait le besoin. Dans ces vues, j'ai, le 30 novembre, chargé MM. D. et E. d'étudier la coordination nécessaire à établir entre les deux projets. Ces Messieurs ont immédiatement reconnu la nécessité de cette coordination. Mais, c'est une matière bien difficile, m'a dit M. D.

Je suis de son avis et d'autant plus que mon intention était, lorsque ces Messieurs m'auraient remis leur travail, d'en faire une étude approfondie qui nécessitera des recherches scientifiques de diverses natures dans la théorie, dans les observations, dans les instruments. Chacun sait quelle ambition j'ai toujours eue de faire ce Catalogue stellaire, mais à la condition que le travail fut conduit de manière à pouvoir, chemin faisant, en tirer quelques honorables découvertes.

Il n'y faut plus songer, puisque Votre Excellence a décidé que l'on devait être prêt en décembre, et que, s'il n'en était pas ainsi, il fallait nommer une Commission qui me remplacerait.

J'abdique entre les mains de cette Commission.

Je ne renonce pas pour cela aux études scientifiques concernant ces travaux; et s'il arrivait que, dans deux ou trois ans, elles obligeassent à juger sévèrement l'œuvre hâtive à laquelle on va se livrer, s'il arrivait qu'il fallût même tout recommencer, il demeurera bien entendu que ce n'est pas à moi qu'en incomberait la responsabilité.

Je ne reviens pas sur mes protestations contre la violation des termes et de l'esprit du décret préparé par la Section de l'Intérieur, de l'Instruction publique et des Cultes du Conseil d'État. Les questions ou propositions qui pourront venir en contradiction de ces principes, ne recevront d'autre suite que celle que vous ordonnerez directement.

Le Conseil fut renouvelé en avril 1869; cependant de nouvelles discussions se produisirent, particulièrement au sujet de la Météorologie et du Service géodésique; et le mécontentement du personnel de l'Observatoire se traduisit, au commencement de 1870, par un violent Mémoire où astronomes et météorologistes exposaient leurs griefs.

L'opinion publique et même l'Administration étaient peu favorables à Le Verrier. Aussi le nouveau ministre et l'Empereur étaient-ils fort embarrassés, ne voulant pas frapper l'illustre astronome. Ce fut Le Verrier lui-même qui leva la difficulté : sénateur, il interpella le ministre de l'Instruction publique sur les affaires de l'Observatoire ; comme conclusion, Le Verrier fut révoqué le 5 février 1870.

Il se retira immédiatement dans un appartement de la rue des Saints-Pères et y reprit (237...) ses recherches sur le système planétaire, suspendues en grande partie depuis quelques années.

Pendant la guerre et la Commune, il se fixa avec sa famille à Marseille, où il s'occupa d'organiser la télégraphie optique (227) pour le service de l'armée.

Voici la lettre que lui écrivait O. Struve en apprenant sa révocation :

O. Struve à Le Verrier.

Poulkova, 1870, février 12.

Mon cher ami. Les journaux nous ont apporté la nouvelle que vous venez d'être relevé des fonctions de Directeur de l'Observatoire. Permettez-moi de vous en féliciter bien sincèrement. Libre des tracasseries continuelles dont vous étiez abreuvé dans ladite position, vous êtes rendu à votre famille, à vos amis, à la Science qui, je ne doute pas, éprouvera bientôt l'effet favorable du loisir relatif dont vous jouirez dorénavant.

D'un autre côté, je ne puis pas supprimer mes regrets en pensant que l'Observatoire impérial, élevé par votre énergie, par vos talents, à une position si honorable, est menacé de la décadence dans son néant précédent.

Accueillez, je vous prie avec bienveillance, ces expressions de la part d'un homme qui, vous le savez, n'a jamais manqué de vous parler avec franchise et conservez-lui des sentiments d'amitié...

Les circonstances rendirent la retraite de Le Verrier assez courte : le 5 août 1872, Delaunay, son successeur, se noyait accidentellement dans la rade de Cherbourg.

Par décret du 25 novembre suivant, Thiers nomma une Commission chargée d'étudier les bases d'une nouvelle organisation des observatoires de l'État ; et un autre décret, du 13 février 1873, rétablit Le Verrier dans les fonctions de directeur de l'Observatoire de Paris ; en même temps ce décret était accompagné des règlements qui, à quelques modifications près, ont régi les observatoires français jusqu'à 1907.

Lors de cette réintégration, Airy écrivit à Le Verrier la lettre suivante :

Airy à Le Verrier.

London S..E., 1873, March 17 (¹).

My dear Sir. It is but very lately that I have heard of your reappointment at the head of the Observatory of Paris, and of the new constitution of the personal establishment of the Observatory. It is almost unnecessary for me to say that the reappointement did not surprise me; it would have been ridiculous to make any other selection. You may remember a letter which I wrote to you some years ago, and of which you cited a part (with my entire approval) in some public document. The present appointment appears to show that the Government of this day feels, as I did then, the extraordinary debt that France owes to you : and that it recognises that, even if there were any certainty in the complaints made by some persons, they were totally insignificant

---

(¹) Cher Monsieur, ce n'est que tout dernièrement que j'ai appris que vous étiez replacé à la tête de l'Observatoire de Paris et que j'ai connu la nouvelle organisation de l'Observatoire.

Il est presque inutile de vous dire que cette nomination ne m'a pas surpris; il eût été ridicule de faire un autre choix. Vous pouvez vous rappeler une lettre que je vous écrivis il y quelques années, et dont vous avez cité une partie (avec mon entière approbation) dans un document public. La nomination actuelle semble montrer que le gouvernement d'à présent sent, comme je le pensais alors, la dette extraordinaire que la France a contractée envers vous et qu'il reconnaît que, même s'il y avait quelque vérité dans les plaintes faites par quelques personnes, elles étaient absolument insignifiantes en comparaison du grand service que vous avez rendu à votre pays et au monde.

Je félicite de tout mon cœur la France de s'être de nouveau assuré votre service officiel dans la Science, mais je ne vois aucune raison pour vous féliciter. Les travaux d'astronomie que vous avez produits comme homme privé, et le mouvement scientifique extraordinaire que vous avez provoqué par votre organisation de l'Association scientifique, vous ont placé dans une position que tout *homme de science officiel* pourrait envier....

in comparison with the great service that you had rendered to
your country and the world.

I heartily congratulate France on having again secured your
official service for Science : but I see no reason for congratulating
you. The astronomical essays which you have given as a private
person, and the extraordinary scientific excitement which you
have produced by your organisation of the Association Scientifique, have placed you in a position which any official man of
Science might envy.....

Durant sa retraite, Le Verrier avait avancé considérablement la
théorie des planètes extérieures; il continua ce travail à l'Observatoire et, en 1876, il touchait à la fin. C'est alors que la Société royale
astronomique de Londres lui décerna, pour la seconde fois, sa grande
médaille; et, par une attention délicate, Adams, l'ancien concurrent,
devenu depuis longtemps un ami, fut chargé de la lui présenter.

Aprés avoir résumé les travaux de Le Verrier, Adams s'écrie (¹) :

That (²) any one man should have had the power and perseverance required thus to traverse the entire solar system with a firm
step, and to determine with the utmost accuracy the mutual disturbances of all the primary planets which appear to have any sensible influence on each other's motions, might well have appeared
incredible if we had not seen it actually accomplished.

Le Verrier, déjà gravement malade, n'assistait pas à la séance. En
chargeant le Dʳ Huggins de lui transmettre cette médaille, Adams
ajoutait (³) :

(¹) *Month. Not.*, Vol. XXXVI, p. 235.

(²) Qu'un homme ait eu le pouvoir et la persévérance nécessaires pour
parcourir d'un pas ferme le système solaire tout entier et pour déterminer,
avec la dernière exactitude, les perturbations de toutes les grosses planètes qui paraissent avoir une influence sensible sur leurs mouvements
réciproques, voilà qui pourrait paraître incroyable si nous ne l'avions pas
vu accomplir de nos jours....

(³) Docteur Huggins, en transmettant cette médaille à M. Le Verrier

In transmitting this Medal to M. Le Verrier, you will express to him the interest with which we have followed his unwearied researches, and the admiration wich we feel for the skill and perseverance by which he has succeeded in binding all the principal planets of our system, from *Mercury* to *Neptune*, in the chains of his Analysis. You can tell him how sorry we are not to see him among us on the present occasion, and how glad we shall be to welcome him if he is able to visit us later in the session. We hope that he will then have finished the printing of his « Tables of *Saturn* » and his « Theory of *Neptune* », and thus be able to rest awhile and re-establish his health — shaken, we fear, by his too arduous labours — until he goes forth again, with fresh vigour, to win new triumphs in the fields of Physical Astronomy.

Peu après Airy lui écrivait :

Airy à Le Verrier.

London S. E., 1876 December 20 ([1]).

My dear Sir. I received a few days past, your letter of December 12, in which you announce the completion of your Tables of Nep-

---

vous lui exprimerez l'intérêt avec lequel nous avons suivi ses infatigables recherches, et l'admiration que nous éprouvons pour l'habileté et la persévérance qui l'ont fait réussir à enfermer toutes les principales planètes de notre système, de *Mercure* à *Neptune*, dans les chaînes de son analyse.

Vous lui direz combien nous regrettons de ne pas le voir parmi nous dans cette occasion, et combien nous serons heureux de le recevoir s'il peut nous visiter plus tard. Nous espérons qu'il aura alors terminé l'impression de ses Tables de *Saturne* et de sa théorie de *Neptune*, et qu'il pourra ensuite se reposer et rétablir sa santé, — ébranlée, nous le craignons, par des travaux trop ardus, — jusqu'à ce qu'il reparte avec une nouvelle vigueur pour remporter de nouveaux triomphes dans le champ de l'Astronomie physique.

([1]) J'ai reçu il y a peu de jours votre lettre du 12 décembre par laquelle tune. And I cannot sufficiently express to you how much I admire the position in which you have placed yourself and your Science by this noble work, and how deeply I feel the terms of friendship towards me, in which you associate the parts (very unequal) in which we have contributed to it.

The theoretical part of this work, that which has demanded the greatest account of intellect, of mathematical skill directed to this special object, and also of labour, is **yours**, and there lives not another man who could undertake it, or who would venture on it.

The part which depends on calculation of observations is to be divided between Bessel and me. It required generally only ordinary judgment. But I believe that both Bessel and I looked, with a doubtful hope to the possibility that our work would at some time be confronted with theory. But at that time there was no Le Verrier; I was one of the few persons who might rashly have taken up the enterprise, but my time has always been very closely occupied.

In discriminating among the various persons concerned in this

---

vous annoncez l'achèvement de vos Tables de Neptune. Je ne peux pas vous exprimer assez combien j'admire la situation dans laquelle vous vous êtes placés, vous et votre science, par ce noble travail, et combien je suis profondément sensible aux termes d'amitié envers moi, dans lesquels vous associez les parts (très inégales) que nous y avons prises.

La partie théorique de ce travail, celle qui a demandé la plus grande somme d'intelligence, d'habileté mathématique, dirigée vers cet objet spécial, et aussi de travail, est VÔTRE, et il n'existe pas un autre homme qui pourrait l'entreprendre ou qui voudrait s'y aventurer.

La partie qui dépend du calcul des observations doit être divisée entre Bessel et moi. Elle ne demandait généralement qu'un jugement ordinaire. Mais je crois que tous deux, Bessel et moi, nous n'envisagions qu'avec un espoir douteux la possibilité que notre travail pût jamais être confronté avec la théorie. Mais en ce moment il n'y avait pas de Le Verrier : j'étais une des rares personnes qui auraient pu à la rigueur entreprendre la chose, mais mon temps a toujours été trop absorbé.

great enterprise, we must give a very high position to Bessel. The failings in his first discussion of Bradley's observations have been well pointed out by you; but they did not in any case greatly affect the results as for planets : and in proceeding downwards along the course of time by uniform scale, they were practically annihilated. But I must say that Bessel, in the construction of his *Tabulæ Regiomontanæ*, showed himself as the first man who profoundly felt that *Astronomy is a science of connexion and comparison*. And my perception of this point in his character and the character of his work induced me to undertake (using his work as foundation) the reductions which you state to have been so useful to you. But, if we laid down a scale of the degree of intellect employed in the various parts, my portion would be about $\frac{1}{10}$ that of Bessel and $\frac{1}{1000}$ of yours.

I am, my dear Sir, ...

Le Verrier mourut à l'Observatoire, le 23 septembre 1877, le jour anniversaire de la découverte de Neptune.

A l'occasion de sa mort, Sully-Prudhomme a ainsi exprimé son enthousiasme pour l'homme et pour la Science.

En parlant des différentes personnes mêlées à cette grande entreprise, nous devons donner une très grande place à Bessel. Les erreurs qui affectent sa première discussion des observations de Bradley ont été bien mises en évidence par vous. Mais en aucun cas elles n'affectaient beaucoup les résultats quant aux planètes; et en procédant avec le cours du temps par approximations successives, elles seraient bientôt pratiquement annulées. Mais je dois dire que Bessel, dans la construction de ses *Tabulæ Regiomontanæ*, s'est montré le premier qui ait profondément senti que l'*Astronomie est une science de connection et de comparaison*. Et le sentiment que j'ai eu de cette particularité dans son caractère et dans le caractère de son travail, m'a induit à entreprendre (en me servant de son travail pour base) les réductions que vous dites vous avoir été si utiles. Mais si nous faisions la balance du degré d'intelligence employé dans nos différentes parts, la mienne serait d'environ $\frac{1}{10}$ de celle de Bessel et $\frac{1}{1000}$ de la vôtre.

Je suis, mon cher Monsieur, ...

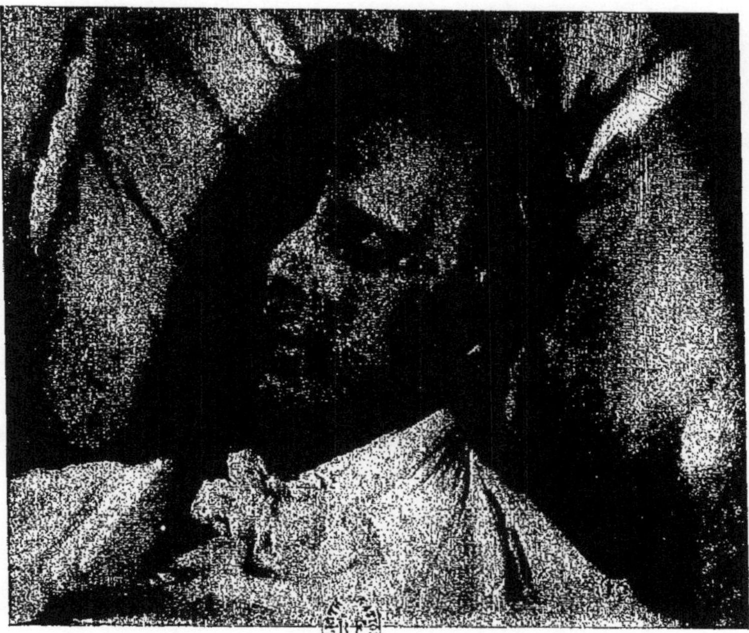

Le Verrier sur son lit de mort. — Dessin de Giacomotti, d'après nature.

« Comment sa mort n'a-t-elle pas été un deuil public ? Après Newton, il n'y a pas eu de génie mathématique plus puissant s'il y en a eu de plus inventif. Son œuvre est colossale et si haute qu'elle fait pleurer. Arracher un secret au ciel sera toujours plus beau que de le peupler des plus brillantes chimères. Il faut être foncièrement puéril pour placer la Poésie au-dessus de la Science; cela ne vaut pas la peine d'être discuté, surtout si l'on songe que la Science ouvre des horizons essentiellement poétiques. L'immensité réelle de l'espace produit dans l'âme comme une inondation de sublimité. Oh! que n'ai-je hérité d'un langage approprié à des sujets de ce genre ! Je ne croupirais pas dans la poésie personnelle, je célébrerais la lutte gigantesque d'un atome pensant avec un astre monstrueux obligé de lui rendre des comptes. L'Humanité, si laide dans les œuvres pratiques de sa vie, est dans ses spéculations d'une beauté effrayante. »

Souvent Le Verrier avait saisi l'occasion d'affirmer publiquement sa foi catholique. Sur ce sujet, il écrivait à Fizeau, quelques jours avant sa mort :

Paris, le 25 juin 1877.

MON CHER CONFRÈRE,

Vous m'avez à plusieurs reprises, suivant les traditions de notre vénéré Cauchy, écrit pour me prier de conformer ma pratique religieuse à mes sentiments.

Je suis heureux de pouvoir vous informer que vos prières sont exaucées.

M. le Curé de Saint-Sulpice m'a mis en règle, et vendredi matin, 29 juin, il viendra me donner la Communion entre 6 et 7 heures du matin.

Je regrette bien que vous ne soyez pas à Paris, sans quoi je vous aurais instamment prié de m'assister de votre présence et de votre pieuse intervention.

Votre bien dévoué confrère,

LE VERRIER.

Une belle statue, œuvre de Chapu, lui a été élevée par souscription internationale en 1889 : elle est placée à l'entrée de l'Observatoire, dans la cour du Nord, et l'on en trouve une représentation en frontispice de cette publication.

LISTE

DES PUBLICATIONS DE LE VERRIER

DISPOSÉES

SUIVANT L'ORDRE CHRONOLOGIQUE.

Abréviations :

C. R. : Comptes rendus hebdomadaires des séances de l'Académie des Sciences de Paris. — col. : colonne. — p. : page. — pp. : pages. — s. d. : sans date. — t. : tome. — t. à p. : tirage à part.

---

1. [Observations d'étoiles filantes, dans la nuit du 12 au 13 novembre 1832] (*C. R.*, t. IX, 16 décembre 1839, pp. 808-809).

2. Sur les combinaisons du phosphore avec l'hydrogène (*Ann. de Chimie*, t. LX, 1835, pp. 174-194).

3. Sur les combinaisons du phosphore avec l'oxygène [*Ann. de Chimie*, t. LXV, juillet 1837, pp. 18-35 (t. à p. de 24 pp.)].

4. Sur les variations séculaires des orbites des planètes (*C. R.*, t. IX, 16 septembre 1839, pp. 370-372) (¹). C'est un extrait des Mémoires n⁰ˢ 8 et 9.

5. Sur les mouvements des inclinaisons et des nœuds des orbites des trois planètes Jupiter, Saturne et Uranus (¹) (*C. R.*, t. IX, 14 octobre 1839, pp. 476-477).

(¹) Ce Mémoire fut l'objet d'un Rapport de Liouville, inséré dans *C. R.*, t. X, 30 mars 1840, pp. 524-527. L'Académie des Sciences, qui approuva le travail de Le Verrier, décida son impression dans le *Recueil des Savants étrangers*.

6. Sur le calcul des inégalités séculaires, tel qu'il a été donné par M. de Pontécoulant, dans le 3ᵉ Volume du *Système analytique du Monde*, pp. 387 à 401 (*C. R.*, t. IX, 28 octobre 1839, pp. 550-552).

7. Sur les inclinaisons respectives des orbites de Jupiter, Saturne et Uranus, et sur les mouvements des intersections de ces orbites (Liouville, *Journ. Math.*, t. V, 1840, pp. 95-109).

8. Sur les variations séculaires des éléments elliptiques des sept planètes principales : Mercure, Vénus, la Terre, Mars, Jupiter, Saturne et Uranus (Liouville, *Journ. Math.*, t. V, 1840, pp. 220-254).

> En note, Le Verrier dit : « Cet article ne doit être considéré que comme un extrait détaillé du Mémoire que j'ai présenté à l'Académie des Sciences, en septembre 1839, et qui sera bientôt publié en entier dans la *Connaissance des Temps*. »

9. Mémoire sur les variations séculaires des orbites, pour les sept planètes principales : Mercure, Vénus, la Terre, Mars, Jupiter, Saturne et Uranus, présenté à l'Académie des Sciences le 16 septembre 1839 [Paris, *Connaissance des Temps* pour 1843, (parue en août 1840), Additions, pp. 3-66 (t. à p. de 66 pp.)].

10. Remarques au sujet de la lecture faite par M. Binet, dans la séance précédente, sur les inégalités séculaires des orbites planétaires (*C. R.*, t. X, 16 mars 1840, pp. 476-477).

11. Sur la détermination des coefficients qui servent de base au calcul des inégalités des planètes (*C. R.*, t. X, 11 mai 1840, pp. 751-753).

12. Sur la détermination simultanée de toutes les inégalités périodiques des planètes, lorsqu'on doit y comprendre les perturbations d'un ordre fort élevé par rapport aux excentricités et aux inclinaisons (*C. R.*, t. XI, 2 novembre 1840, pp. 699-701).

13. Sur la détermination des inégalités séculaires des planètes, étendue aux termes qui, dans les équations différentielles, sont du troisième ordre par rapport aux excentricités et aux inclinaisons (*C. R.*, t. XI, 14 décembre 1840, pp. 967-977).

> C'est un extrait du Mémoire n° 15.

14. Note sur le mouvement en inclinaison de l'orbite de Mercure (*C. R.*, t. XII, 11 janvier 1841, pp. 116-117).

15. Mémoire sur la détermination des inégalités séculaires des planètes, présenté à l'Académie des Sciences le 14 décembre 1840. [Paris, *Connaissance des Temps* pour 1844 (publiée en juillet 1841). Additions, pp. 28-110 (t. à p. de 86 pp.)].

16. Sur l'influence des inclinaisons des orbites dans les perturbations des planètes. Détermination d'une grande inégalité du moyen mouvement de Pallas (*C. R.*, t. XIII, 9 août 1841, pp. 344-348).

17. Développements sur plusieurs points de la théorie des perturbations des planètes (Paris, Bachelier, in-4°, n° 1, 1841, pp. 1-29; — n° 2, 1842, pp. 31-62; — n° 3, 1842, pp. 63-94).

18. Note sur les inégalités introduites dans la longitude des planètes par les variations à longue période de leurs éléments (*C. R.*, t. XIV, 28 mars 1842, pp. 487-488).

19. Seconde Note sur les perturbations de la planète Uranus (*C. R.*, t. XIV, 3 mai 1842, pp. 660-663).

20. Recherches sur l'orbite de Mercure et sur ses perturbations. Détermination de la masse de Vénus et du diamètre du Soleil (Liouville, *Journ. Math.*, t. VIII, 1843, pp. 273-359).

21. Détermination nouvelle de l'orbite de Mercure et de ses perturbations (*C. R.*, t. XVI, 15 mai 1843, pp. 1054-1065).

22. Tables de Mercure (*C. R.*, t. XVI, 12 juin 1843, p. 128).

23. Mémoire sur la grande inégalité du moyen mouvement de Pallas (*C. R.*, t. XVI, 26 juin 1843, p. 1435) [1].

24. Discussion d'anciennes observations de Mercure, extraites par M. Édouard Biot de la collection des vingt-quatre historiens de la Chine (*C. R.*, t. XVII, 3 octobre 1843, pp. 732-735).

25. Sur la forme qu'il conviendrait de donner aux éphémérides des planètes. — Application à Mercure (*C. R.*, t. XVII, 9 octobre 1843, pp. 735-738).

26. Sur la construction des Tables astronomiques (*C. R.*, t. XVII, 23 octobre, 1843, pp. 884-886).

---

[1] Sur un rapport de Cauchy (*C. R.*, t. XX, 17 mars 1845, pp. 767-769), l'Académie approuva ce Mémoire et en décida l'insertion dans le *Recueil des Savants étrangers*.

27. Sur la comète de M. Faye [1843, 22 novembre, et sur son identité avec la comète de Léxell]. Lettre à M. Cauchy (*C. R.*, t. XVIII, 29 avril 1844, pp. 826-827).

28. Note sur les perturbations de plusieurs comètes (*C. R.*, t. XIX. 16 septembre 1844, pp. 559-560).

29. Perturbations du mouvement elliptique de la seconde comète de 1844. (*C. R.*, t. XIX, 30 septembre 1844, pp. 666-670).

30. Théorie de la comète périodique de 1770 (*C. R.*, t. XIX, 11 novembre 1844, pp. 982-984).

31. Sur le prochain passage de Mercure sur le Soleil (*C. R.*, t. XX, 3 mars 1845, pp. 587-593).

32. Sur la rectification des orbites des comètes au moyen de l'ensemble des observations faites pendant leur apparition (*C. R.*, t. XX, 14 avril 1845, pp. 1071-1076).

33. Sur la comète périodique de 1843 (premier Mémoire) (*C. R.*, t. XX, 28 avril 1845, pp. 1309-1313).

34. Note relative au dernier passage de Mercure sur le disque du Soleil. (*C. R.*, t. XX, 26 mai 1845, pp. 1603-1604).

35. Note sur le dernier passage de Mercure sur le Soleil (*C. R.*, t. XXI, 29 septembre 1845, pp. 769-770).

36. Détermination nouvelle des perturbations de Mercure et des éléments de son orbite, suivi des Tables numériques pour la construction des éphémérides (*C. R.*, t. XX, 9 juin 1845, p. 1711) ([1]).

37. Théorie du mouvement de Mercure [Paris, *Connaissance des Temps pour* 1848 (parue en novembre 1845). Additions, p. 3-165 (t. à p. de 165 pp.)].

38. Premier Mémoire sur la théorie d'Uranus (*C. R.*, t. XXI, 10 novembre 1845, pp. 1050-1055).

39. Sur le prochain passage de Mercure sur le Soleil (*Astr. Nachr.*, t. XXIII, 1846, col. 33-40).

([1]) Voir le rapport de Laugier, *C. R.*, t. XXI, 4 août 1845, pp. 316-320.

40. Premier Mémoire sur la comète périodique de M. Faye (*Astr. Nachr.*, t. XXIII, 1846, col. 193-196).

41. Observations de la comète de Faye (*Astr. Nachr.*, t. XXIII, 1846, col. 229-302).

42. Recherches sur les mouvements d'Uranus (*C. R.*, t. XXII, 1er juin 1846, pp. 907-918).

43. Sur la planète qui produit les anomalies observées dans le mouvement d'Uranus. Détermination de sa masse, de son orbite et de sa position actuelle (*C. R.*, t. XXIII, 31 août 1846, pp. 428-438).

44. Sur la planète qui produit les anomalies observées dans le mouvement d'Uranus. Cinquième et dernière partie, relative à la détermination de la position du plan de l'orbite (*C. R.*, t. XXIII, 5 octobre 1846, pp. 657-659).

45. Recherches sur les mouvements de la planète Herschel (dite Uranus) [Paris, *Conn. des Temps* pour 1849. Additions pp. 3-254 (t. à p. de 254 pp.)].

Ce Mémoire, daté du 6 octobre 1846, porte en note, au bas de la première page :

« Dans mes publications ultérieures, je considérerai comme un strict devoir de faire disparaître complètement le nom d'Uranus et de ne plus appeler la planète que du nom de Herschel. Je regrette vivement que l'impression déjà avancée de cet écrit ne m'ait pas permis, dès à présent, de me conformer à une détermination que j'observerai religieusement dans la suite. »

46. Comparaison des observations de la nouvelle planète, avec la théorie déduite des perturbations d'Uranus (*C. R.*, t. XXIII, 19 octobre 1846, p. 741) (¹).

47. Présentation des deux premières feuilles du travail complet sur l'existence et la place d'une nouvelle planète, imprimé dans la *Conn. des Temps* pour 1849 (*C. R.*, t. XXIII, 9 octobre 1846, pp. 799-800). Cette publication, dit Le Verrier, « renfermera le détail des recherches dont j'ai présenté successivement les

---

(¹) Cette note est suivie de la suivante : *Examen des remarques critiques et des questions de priorité que la découverte de M. Le Verrier a soulevées;* par M. Arago (*C. R.*, t. XXIII, 19 octobre 1847, pp. 741-754).

Le V.

7

résultats dans les séances du 10 novembre 1845, du 1er juin et du 31 août 1846. » *Voir* n° 45.

48. Sur la découverte de deux nouvelles petites planètes (*Bibl. Univ. Archives*, t. V, 1847, pp. 397-400).

49. [Sur d'anciennes observations de la nouvelle planète.] (*C. R.*, t. XXIV, 29 mars 1847, p. 529-531).

50. [Sur un bolide vu à Paris par M. Doyère.] (*C. R.*, t. XXV, 23 août 1847, p. 317).

51. Remarques sur les observations de la planète Flore, faites par M. Hind, et communiquées par M. Le Verrier à l'Académie des Sciences dans les séances du 25 octobre et du 2 novembre 1847 [et réplique à Arago] (*C. R.*, t. XXV, 8 novembre 1847, pp. 641-643 et 644-645).

52. Recherches sur les comètes périodiques (*C. R.*, t. XXV, 25 octobre et 20 décembre 1847, pp. 561-571, 917-926) (T. à p. de 11 pp.).

53. Note sur les erreurs produites dans le calcul des orbites des planètes et des comètes, par les erreurs des observations fondamentales (*C. R.*, t. XXV, 2 novembre 1847, pp. 609-611).

54. Note sur les orbites de Flore calculées par MM. Hind, d'Arrest et Hugh-Breen (*C. R.*, t. XXV, 6 décembre 1847, pp. 851-854).

55. [Sur les comètes périodiques]. Discussion avec Laugier et Mauvais (*C. R.*, t. XXV, 27 décembre 1847, pp. 948-949 et 952-953).

56. Lettre au président de l'Académie [comète de Vico ; comètes de 1264 et 1556; éclipses annulaires de Soleil; planètes Flore et Iris] (*C. R.*, t. XXVI, 17 janvier 1848, pp. 109-112).

57. Mémoire sur la comète périodique de 1770 (*C. R.*, t. XXVI, 1er mai 1848, pp. 465-469).

58. Remarques à l'occasion de la Communication précédente (de Babinet) (*C. R.*, t. XXVII, 21 août 1848, pp. 208-210. *Voir* aussi p. 304, 18 septembre 1848).

59. Sur la planète Neptune (*C. R.*, t. XXVII, 11 septembre et
2 octobre 1848, pp. 273-279, 325-332).

60. Passage de Mercure sur le Soleil, le 9 novembre 1848 (*C. R.*,
t. XXVII, 13 novembre 1848, pp. 489-490).

61. Nouvelles recherches sur les mouvements des planètes (*C. R.*,
t. XXIX, 2 juillet 1849, pp. 1-5).

62. Remarques sur la nouvelle édition de la *Mécanique céleste*
(*C. R.*, t. XXIX, 9 juillet 1849, pp. 21-22).

63. [Sur les observations d'étoiles filantes de Coulvier-Gravier]
(*C. R.*, t. XXIX, 13 août 1849, p. 180).

64. [Sur une perturbation considérable du mouvement du Soleil]
(*C. R.*, t. XXIX, 26 novembre 1849, p. 606).

65. Nouvelles recherches sur les mouvements des planètes (*C. R.*,
t. XXIX, 2 juillet 1849, pp. 1-5 et t. XXX, 22 avril 1850,
pp. 457-465).

66. Rapport [fait à l'Assemblée législative] au nom de la Commission
chargée d'examiner la proposition de M. le général Baraguay-
d'Hilliers, tendant à modifier le décret du 19 juillet 1845,
relatif aux Écoles Polytechnique et Spéciale militaire (*Moniteur* du 16 décembre 1849, p. 4045).

67. Rapport supplémentaire fait au nom de la Commission chargée
d'examiner la proposition de M. le général Baraguay-d'Hilliers
relative aux Écoles Polytechnique et Militaire (*Moniteur* du
22 mars 1850, pp. 964-967).

68. Divers discours dans la discussion de ces rapports (Voir *Moniteur* du 27 janvier et du 4 mai 1850).

69. Discours prononcé à l'Assemblée législative dans la discussion du
projet de loi relatif à l'appropriation de l'ancienne salle des
séances de la Chambre des Députés (*Moniteur* du 13 janvier
1850).

70. Rapport fait au nom de la Commission chargée d'examiner le
projet de loi relatif à une demande de crédit sur l'exercice
1850 pour l'établissement de nouvelles lignes de télégraphie
électrique (*Moniteur* du 5 février 1850, pp. 416-418).

71. Rapport fait au nom de la Commission chargée d'examiner le

projet de loi tendant à autoriser le Ministre des Travaux publics à prélever, sur les fonds mis à sa disposition pour les travaux de chemins de fer, une somme de 40000^{fr}, applicable au service du chemin de fer de Paris à Sceaux (*Moniteur* du 13 mars 1850, pp. 858-859).

72. Nouvelles recherches sur les mouvements des planètes (deuxième Mémoire) (Extrait) (*C. R.*, t. XXX, 22 avril 1850, pp. 457-465).

73. Rapport fait au nom de la Commission chargée d'examiner le projet de loi portant demande d'une allocation de 4 810 000^{fr} pour l'exécution de la partie de chemin de fer de Paris à Strasbourg, comprise entre Strasbourg et Hommarting (*Moniteur* du 12 mai 1850, pp. 1626-1629).

74. Rapport fait au nom de la Commission chargée d'examiner le projet de loi sur la correspondance télégraphique privée (*Moniteur* du 1er juillet 1850, pp. 2240-2244).

75. Rapport fait au nom de la dixième Commission d'initiative parlementaire, sur la proposition de M. le général de Grammont, tendant à la translation du siège du gouvernement hors Paris, (*Moniteur* du 16 juillet 1850, pp. 2430-2431).

76. Retour de la comète périodique de M. Faye (*C. R.*, t. XXXI, 9 décembre 1850, pp. 789-793).

77. Éphéméride de la comète périodique de Faye (*C. R.*, t. XXXI, 23 décembre 1850, pp. 844).

78. Rapport sur l'enseignement de l'École Polytechnique, adressé au Ministre de la Guerre, au nom de la Commission mixte nommée en exécution de la loi du 5 juin 1850 (Supplément au *Moniteur* du 12 janvier 1851, 34 pp. in-f°).

79. Remarques à l'occasion de la dernière Communication de M. Petit sur les bolides (*C. R.*, t. XXXII, 21 avril 1851, pp. 561-566).

80. Rapport au nom de la Commission chargée d'examiner : 1° le projet de loi relatif à une demande de crédits pour l'établissement de sept nouvelles lignes de télégraphie électrique; 2° la proposition de M. Collas sur l'établissement de nouveaux télégraphes électriques (*Moniteur* du 1er août 1851, pp. 2206-2208).

81. Mémoires de l'observatoire du Collège romain, année 1850 (*C. R.*, t. XXXIII, 20 octobre 1851, pp. 427-428).

82. Mémoire sur les tanguières du département de la Manche (en collaboration avec divers). Paris (s. d.), Bachelier, pp. 1-16.

83. Détermination des différences des étoiles fondamentales en ascension droite, d'après les observations faites à Greenwich depuis la fin de l'année 1750 jusqu'au milieu de l'année 1762 (*C. R.*, t. XXXIV, 5 avril 1852, pp. 497-507).

84. Sur la découverte d'une petite planète [㉑] par Goldschmidt (*C. R.*, t. XXXV, 22 et 29 novembre 1852, pp. 758 et 795).

85. Ascensions droites relatives des 36 étoiles fondamentales, déduites des observations faites à l'Observatoire royal de Greenwich depuis 1750 jusqu'en 1762 et depuis 1836 jusqu'en 1850, seconde partie (*C. R.*, t. XXXV, 6 décembre 1852, pp. 815-820).

86. On interpolation applied to the calculation of the coefficients of the developement of the disturbing function (*traduction*) (Taylor, *Scient. Mem.*, t. V, 1852, pp. 334-352).

87. Tables du mouvement apparent du Soleil, déduites de la comparaison de la théorie avec les observations faites depuis 1750 jusqu'à nos jours (*Astron. Soc. Month. Not.*, t. XIII, 1852-1853, pp. 236-238).

88. [Réclamation au sujet d'un discours lu au nom d'Arago et concernant une réforme introduite à l'École Polytechnique] (*C. R.*, t. XXXV, 27 décembre 1852, pp. 929-930, et t. XXXVI, 3 janvier 1853, p. 3).

89. Tables du mouvement apparent du Soleil, déduites de la comparaison de la théorie avec les observations faites depuis 1750 jusqu'à nos jours (*C. R.*, t. XXXVI, 28 février 1853, pp. 349-359).

90. Sur la construction des Tables astronomiques et sur les observations du Soleil (*C. R.*, t. XXXVI, 27 juin 1853, pp. 1105-1106. *Voir* aussi *C. R.*, t. XXXVII, 4 et 11 juillet 1853, pp. 4-5 et 38).

91. Considérations sur l'ensemble du système des petites planètes

situées entre Mars et Jupiter (*C. R.*, t. XXXVII, 28 novembre 1853, pp. 793-798).

92. Sur les excentricités et les inclinaisons des petites planètes (*C. R.*, t. XXXVII, 26 décembre 1853, pp. 965-966).

93. [Sur la continuation des expériences sur la composition de l'eau de pluie] (*C. R.*, t. XXXVIII, 20 février 1854, p. 353).

94. [Sur la découverte d'une nouvelle petite planète le 3 mars, par Chacornac à Paris et par A. Marth à l'Observatoire de Regent's Park] (*C. R.*, t. XXXVIII, 6 mars 1854, pp. 428-429).

95. Résumé des observations de la pression barométrique et de la température faites à l'Observatoire impérial de Paris pendant les mois de janvier, février, mars et avril 1854, avec remarques (*C. R.*, t. XXXVIII, 1er mai 1854, pp. 797-799).

96. Sur la précession des équinoxes, sur la masse de la Lune et sur la masse de la planète Mars (*C. R.*, t. XXXIX, 7 août 1854, p. 267).

97. Nouvelle détermination de la différence de longitude entre les Observatoires de Paris et de Greenwich (en commun avec G.-B. Airy) (*C. R.*, t. XXXIX, 25 septembre 1854, pp. 553-566). (T. à p. de 14 pp.)

98. Rapport au Ministre sur la détermination de la différence de longitude Paris-Greenwich (*Moniteur* du 7 octobre 1854, p. 1105).

99. [Sur les observations météorologiques faites à l'Observatoire de Paris en novembre 1854] (*C. R.*, t. XXXIX, 18 décembre 1854, p. 1188).

100. Mémoire sur l'état actuel de l'Observatoire impérial de Paris et projet d'organisation scientifique (décembre 1854), in-4° de 88 pp.

> Ce rapport est reproduit dans le Tome 1 des *Annales* (voir n° 271), mais là, il ne comprend que 68 pp., parce qu'on y a supprimé un grand nombre de détails d'administration intérieure.

101. Observation d'une nouvelle comète (V. 1854) (*Astr. Nachr.*, t. XXXIX, 1855, col. 353-354).

102. Note sur le développement des études météorologiques en France (*C. R.*, t. XL, 19 mars 1855, pp. 620-626). (Analyse

de ce qui concerne la Météorologie dans le rapport ci-dessus,
nº 100.) (T. à p. de 7 pp.)

103. Sur le rapport relatif aux Observatoires météorologiques d'Al-
gérie (*C. R.*, t. XLI, 10-31 décembre 1855, pp. 1035, 1071
et 1190).

104. Sur la tempête de la mer Noire, en novembre 1854 [à propos
d'un travail fait à l'Observatoire impérial, par M. Liais]
(*C. R.*, t. XLI, 31 décembre 1855, pp. 1197-1204). (T. à p.
de 8 pp.)

105. [Sur la détermination des éléments magnétiques, particulièrement à l'Observatoire de Paris] (*C. R.*, t. XLII, 21 janvier
1856, pp. 74-78).

106. Remarques sur des observations de la déclinaison magnétique
faites à Paris en 1854 [réponse à une Note de M. Laugier]
(*C. R.*, t. XLII, 11 et 18 février 1856, pp. 250-257 et 310-312).

107. Sur le changement qu'éprouve la boussole dans sa direction,
lorsqu'on la transporte d'un point à un autre de la terrasse de
l'Observatoire impérial de Paris (*C. R.*, t. XLII, 25 février
1856, pp. 361-365).

108. [Présentation du Tome I des *Annales de l'Observatoire
impérial de Paris* (*Mémoires*)] (*C. R.*, t. XLII, 7 avril 1856,
pp. 605-610).

109. [Sur les appareils magnétiques enregistreurs établis à l'Observatoire de Paris, par M. Liais] (*C. R.*, t. XLII, 28 avril 1856,
pp. 749-755). (T. à p. de 7 pp.)

110. Note à l'occasion de la dernière Communication de M. Valz
(relative aux éléments des orbites des astres nouveaux donnés
avec une approximation poussée jusqu'aux secondes) (*C. R.*,
t. XLII, 5 mai 1856, pp. 817-818).

111. Note sur un système régulier d'observations météorologiques
établi en France par les soins de l'Administration des lignes
télégraphiques et de l'Observatoire impérial de Paris (*C. R.*,
t. XLII, 2 juin 1856, pp. 1039-1042). (T. à p. de 4 pp.).

112. [Sur l'examen d'un Traité de Géométrie de M. Vincent] (*C. R.*,
t. XLII, 16 juin 1856, p. 1155).

113. [Sur le bulletin météorologique des divers points de la France]
(*C. R.*, t. XLII, 3o juin 1856, p. 1229).

> Ce bulletin, recueilli par voie télégraphique, est maintenant
> complet et publié chaque jour dans le journal du soir, *La Patrie*.

114. [Présentation de la première livraison de l'Atlas écliptique de
l'Observatoire de Paris] (*C. R.*, t. XLIII, 21 juillet 1856,
pp. 113-117).

115. Sur la détermination des longitudes terrestres (*C. R.*, t. XLIII,
4 août 1856, pp. 249-257). (T. à p. de 8 pp.)

116. Sur la mesure des longitudes géographiques (*C. R.*, t. XLIII,
10 novembre 1856, pp. 893-894).

117. Entdeckung eines Cometen (*Astron. Nachr.*, t. XLVI, 1857,
col. 365-366).

118. Doutes exprimés à l'occasion de l'annonce de la découverte d'une
nouvelle étoile dans le trapèze d'Orion (*C. R.*, t. XLIV, 2 mai
1857, p. 1074-1075).

119. Remarques à l'occasion d'une nouvelle réclamation en faveur
d'un objectif de 52^{cm}, adressée à l'Académie dans la dernière
séance (*C. R.*, t. XLIV, 29 juin 1857, pp. 1293-1294 et 1295).

120. [Présentation de la troisième livraison de l'Atlas écliptique et
renseignements sur cette publication] (*C. R.*, t. XLIV,
20 juillet 1857, pp. 108-111). Pour la quatrième livraison,
voir t. XLVI, 12 avril 1858, pp. 745-748.

121. [Remarques sur la Géodésie française à propos d'une Note de
Biot, relative à l'achèvement de l'arc russo-scandinave] (*C. R.*,
t. XLIV, 26 octobre et 2 novembre 1857, pp. 610-612 et 674-
678).

122. [Présentation du *Bulletin météorologique*] (*C. R.*, t. XLIV,
2 novembre 1857, p. 693).

> Ce *Bulletin* contient aujourd'hui les observations de quatorze
> stations françaises et de cinq stations étrangères, savoir :
> Bruxelles, Genève, Madrid, Rome, Turin. *Voir* p. 736 et 810.

123. [Sur la transmission électrique de l'heure, etc.] (*C. R.*, t. XLIV,
7 décembre 1857, pp. 952-958).

124. [Présentation du] quatrième Volume des *Annales de l'Obser-*

vatoire impérial de Paris (1ᵉʳ Volume des *Observations*) (*C. R.*, t. XLVI, 19 avril 1858, pp. 763-764).

125. Nouveau complément aux recherches sur la théorie du Soleil (*C. R.*, t. XLVI, 10 mai 1858, pp. 881-882).

126. [Sur le second exemplaire des Tables de Prony] (*C. R.*, t. XLVI, 17 mai 1858, p. 912).

127. Remarque au sujet d'une Communication faite par M. Faye dans la séance du 28 octobre dernier [relativement à des dessins de la comète de Donati et aux instruments de l'Observatoire de Paris] (*C. R.*, t. XLVII, 2 novembre 1858, pp. 673-674).

128. Remarques au sujet de la lecture faite par M. Faye, dans la séance du 29 novembre, sur les comètes et sur l'hypothèse d'un milieu résistant (*C. R.*, t. XLVII, 6 et 13 décembre 1858, pp. 891-894 et 946).

129. [Présentation du] Tome IV des *Annales de l'Observatoire impérial de Paris* (partie des Mémoires) (*C. R.*, t. XLVII, 27 décembre 1858, pp. 1023-1026).

130. Fifty-first and fifty second asteroids, Gould (*Astron. Journ.*, t. V, 1858, p. 135).

131. Fifty-third asteroid, Gould (*Astron. Journ.*, t. V, 1858, p. 135).

132. Note relative à la nomenclature des petites planètes du groupe compris entre Mars et Jupiter (*C. R.*, t. XLVIII, 3 janvier 1859, p. 36).

133. Lettre à M. Faye sur la théorie de Mercure et sur le mouvement du périhélie de cette planète (*C. R.*, t. XLIX, 12 septembre 1859, pp. 379-383).

134. [Sur l'impossibilité, pour l'Observatoire de Paris, d'envoyer des expéditions à l'étranger] (*C. R.*, t. XLIX, 26 décembre 1859, p. 996).

135. [Sur l'astre observé sur le Soleil, par M. Lescarbault] (*C. R.*, t. L, 2 janvier 1860, pp. 45-46).

136. Note au sujet de la *Connaissance des Temps* et de l'*Annuaire du Bureau des Longitudes* (*C. R.*, t. L, 6 et 13 février 1860, pp. 273 et 350-351).

137. [Présentation du Tome V des *Annales de l'Observatoire*] (*C. R.*, t. L, 20 février 1860, p. 371).

138. Réponse à une Note insérée par M. Delaunay au Compte rendu de la précédente séance, p. 403 (*C. R.*, t. L, 12 et 19 mars 1860, pp. 454-455, 520-530 et 560-565).

139. Note au sujet d'une question posée par M. Delaunay, 9 mars 1860. In-4° de 4 pp.

140. Service météorologique des ports. Lettre de Le Verrier à Airy, 4 avril 1860. Paris, Mallet-Bachelier, in-4°, 7 pp., ou *Moniteur* du 7 avril 1860.

141. Rapport sur l'éclipse du 18 juillet (*Moniteur* du 29 juillet et du 16 août 1860, pp. 905, 906 et 942).

142. [Les nouvelles Tables du Soleil et de Mercure adoptées par le *Nautical Almanac*] (*C. R.*, t. LI, 12 novembre 1860, p. 702-703).

143. Réponse aux critiques dirigées à tort contre quelques-uns des *derniers chiffres* des *derniers coefficients* des *dernières séries* dont dépendent les actions réciproques de Vénus et de la Terre (*C. R.*, t. LI, 19 et 26 novembre, 3 et 10 décembre 1860, pp. 740-746, 788-792, 836-905).

144. Théories et Tables du mouvement de Vénus (*C. R.*, t. LI, 26 novembre 1860, pp. 793-799).

145. *Observatoire impérial de Paris.* — Fixation du budget ordinaire en raison des besoins du service. Lettre au Ministre. Paris, 24 janvier 1861, in-4° de 6 pp.

146. Sur la constitution du système planétaire. Théorie et Tables de Mars. Lettre à Son Excellence le maréchal Vaillant (*C. R.*, t. LII, 3 juin 1861, pp. 1106-1112). (T. à p. de 7 pp.)

147. Éléments de l'orbite de la grande comète de 1861 (*C. R.*, t. LIII, 8 juillet 1861, pp. 41-44).

148. Sur la grande comète de 1861 et sur le mouvement de l'étoile Sirius en déclinaison (*C. R.*, t. LIII, 15 juillet 1861, pp. 80-81).

149. Sur la nomenclature du système des petites planètes (*C. R.*, t. LIII, 9 septembre 1861, pp. 430-433).

150. Sur le passage de Mercure devant le disque du Soleil, le 12 novembre au matin (*C. R.*, t. LIII, 28 octobre 1861, pp. 746-748). (T. à p.) (*Voir* le numéro suivant.)

151. Observations du passage de Mercure sur le Soleil, faites en divers lieux le 12 novembre dernier comparées avec la théorie (*C. R.*, t. LIII, 25 novembre 1861, pp. 946-950). (T. à p. de 7 pp. contenant les deux Notes 150 et 151.)

152. Observations équatoriales de la grande comète de 1861 (*C. R.*, t. LIII, 9 décembre 1861, pp. 1034-1043). (T. à p. de 11 pp.)

153. Sur le système des planètes les plus voisines du Soleil, Mercure, Vénus, la Terre et Mars (*C. R.*, t. LIII, 2 et 9 décembre 1861, pp. 996 et 1043-1044).

154. Observations qui ont été faites à Rome, du passage de Mercure sur le Soleil, le 12 novembre. (*Presse scientifique*, t. III, 1861, pp. 748-751).

155. Sur le système des planètes Mercure, Vénus, la Terre et Mars (*C. R.*, t. LIV, 6 janvier 1862, pp. 17-31).

156. Remarques à l'occasion de la précédente Communication [de M. Delaunay, sur les idées émises par M. Le Verrier, relativement à la constitution de notre système solaire] (*C. R.*, t. LIV, 13 janvier 1862, pp. 82-99).

157. Passage de Mercure sur le Soleil. Réponse à M. Valz au sujet d'une prétendue erreur que cet astronome croit voir dans les observations de Marseille (*C. R.*, t. LIV, 10 février 1862, pp. 229-230. *Voir* aussi t. LIV, p. 16).

158. Éclipse de Soleil du 31 décembre 1861. Observations météorologiques faites à Paris. Observations astronomiques et météorologiques faites à Marseille (*C. R.*, t. LIV, 10 février 1862, pp. 230-231).

159. Tables de Vénus et de Mars (*C. R.*, t. LIV, 10 février 1862, pp. 231-232).

160. Éclipse totale de Soleil, le 31 décembre 1861, observée à l'île de la Trinité. Extrait d'une lettre de M. Hind (*C. R.*, t. LIV, 24 février 1862, pp. 426-428).

161. [Présentation du Tome XVI des Observations faites à l'Observatoire de Paris et de la cinquième livraison des Cartes écliptiques] (*C. R.*, t. LIV, 24 mars 1862, pp. 626-628).

162. [Réponse à une Note de M. Faye sur les nouvelles Tables des planètes intérieures] (*C. R.*, t. LIV, 24 mars 1862, p. 639).

163. Observations du Directeur de l'Observatoire impérial de Paris au sujet du règlement de la créance Jean, ... Paris, le 13 avril 1862, in-4° de 24 pp.

164. [Présentation du Tome XIV des Observations faites à l'Observatoire de Paris] (*C. R.*, t. LIV, 28 avril 1862, pp. 888-889).

165. Comète de juillet 1862 (*C. R.*, t. LV, 11 août 1862, pp. 291-293).

166. [Remarques au sujet des prédictions météorologiques de Mathieu (de la Drôme)] (*C. R.*, t. LV, 15 septembre 1862, p. 452).

167. Détermination de la longitude du Havre (*C. R.*, t. LV, 15, 22 septembre et 13 octobre 1862, pp. 453-460, 483-485 et 590-591).

168. [Réponse à M. Faye au sujet de l'emploi de la méthode des coïncidences dans la détermination des longitudes] (*C. R.*, t. LV, 22 septembre 1862, pp. 482-483).

169. [Remarques sur le Rapport de M. Faye relatif au protocole de la Conférence géodésique tenue à Berlin en avril 1862] (*C. R.*, t. LVI, 5 janvier 1863, pp. 34-37. *Voir* aussi pp. 72 et 184).

170. Réfutation de quelques critiques et allégations portées contre les travaux de l'Observatoire impérial de Paris et dénuées de toute espèce de fondement (*C. R.*, t. LVI, 19 janvier 1863, pp. 105, 116 et 118).

171. De l'influence des erreurs systématiques dans quelques recherches d'astronomie (*C. R.*, t. LVI, 26 janvier 1863, p. 164-170). (T. à p., sous le titre : Exposé des opérations entreprises par l'Observatoire impérial de Paris, conformément aux ordres de S. E. le Ministre de l'Instruction publique et des Cultes, pour la détermination astronomique des longitudes et latitudes des points principaux du réseau géodésique français, par M. Le Verrier.)

172. [Remarques à l'occasion des deux Communications de M. Delaunay
    et de M. Faye] (*C. R.*, t. LVI, 26 janvier 1863, pp. 163-164).

173. [Sur la longitude de Greenwich et projet de déterminer à nou-
    veau la longitude Paris-Greenwich] (*C. R.*, t. LVI, 26 jan-
    vier 1863, pp. 171, 194, 248, 249).

174. [Sur la mesure des bases géodésiques] (*C. R.*, t. LVI, 2 mars
    1863, pp. 380-381).

175. Livres astronomiques du roi *D. Alphonse X de Castille*,
    recueillis, annotés et commentés par D. M. Rico y Sinobas
    (*C. R.*, t. LVII, 3 août 1863, pp. 277-280, et t. LVIII, 8 fé-
    vrier 1864, pp. 285-287).

176. Sur la théorie météorologique de M. Mathieu (de la Drôme)
    (*Moniteur scientif.*, t. V, 1863, p. 300-307).

177. Pyramide de Villejuif. Rapport fait à l'Académie (*C. R.*, t. LVII,
    9 novembre 1863, pp. 757-758. *Voir* aussi p. 834).

178. Remarques au sujet d'une Note de *M. le Maréchal Vaillant*,
    sur la tempête des 2 et 3 décembre 1863 (*C. R.*, t. LVIII,
    4 janvier 1864, pp. 16-21).

179. Mémoire sur l'indépendance des observatoires. État ancien de
    l'Observatoire de Paris. Son émancipation en 1854; progrès
    qu'elle a permis d'accomplir. In-4° (s. d. ni nom d'auteur)
    de 19 pp.

180. Observations faites en 1863 à l'Observatoire de Paris (*C. R.*,
    t. LIX, 7 novembre 1864, pp. 741-743).

181. [Sur l'influence des passages d'astéroïdes sur la chaleur du
    globe] (*C. R.*, t. LX, 3 avril 1865, pp. 655).

182. Lettre au Maréchal Vaillant [sur l'observation faite par
    M. Coumbary, du passage d'un petit corps devant le Soleil]
    (*C. R.*, t. LX, 29 mai 1865, pp. 1113-1114).

183. [Sur l'origine du Service météorologique de l'Observatoire de
    Paris et sur la propagation des tempêtes, réponse à M. Ch.
    Matteucci] (*C. R.*, t. LX, 26 juin 1865, pp. 1317-1327. *Voir*
    aussi pp. 891-895, 949, 1313-1316 et *Moniteur* du 21 juin).

184. Organisation de quelques entreprises météorologiques (*C. R.*,

t. LXI, 24 juillet 1865, pp. 136-144). (T. à p. de 8 pp.) *Voir* aussi p. 100.

185. Rapport au Ministre sur la situation des travaux météorologiques au 1er août 1865. In-4°, 10 pp.

186. [Présentation du Tome XX des *Annales de l'Observatoire de Paris*] (*C. R.*, t. LXII, 26 mars 1866, pp. 703-704).

187. Avertissements donnés aux côtes sur l'approche des tempêtes. État présent de la question (*C. R.*, t. LXII, 14 mai 1866, pp. 1045-1052 et 1107-1108). (T. à p. de 8 pp.)

188. Note sur deux étoiles [étoile de Courbebaisse et étoile disparue de la Carte 39 de Chacornac] (*C. R.*, t. LXII, 21 mai 1866, pp. 1108-1109).

189. Nouvelle planète (88) trouvée par M. Stéphan [Organisation définitive de l'Observatoire de Marseille] (*C. R.*, t. LXIII, 13 août 1866, p. 285. *Voir* p. 764).

190. Application du procédé d'argenture [de L. Foucault] à un objectif de 25cm de diamètre (*C. R.*, t. LXIII, 15 octobre 1866, pp. 547-548).

191. Sur les étoiles filantes du 13 novembre et du 10 août (*C. R.*, t. LXIV, 21 janvier 1867, pp. 94-99).

192. Sur l'origine des étoiles filantes. Lettre à Sir John Herschel (*Moniteur universel* du 27 janvier 1867). (T. à p. in-8° de 29 pp.)

193. Instruction sur le service de l'Observatoire de Paris et de Marseille. In-4° (s. d.) de 144 pp.

194. Nouvelle comète découverte à Marseille (*C. R.*, t. LXIV, 28 janvier 1867, pp. 151-152).

195. Orbite des astéroïdes de novembre (*C. R.*, t. LXIV, 11 février 1867, pp. 248-249).

196. [Sur les annonces de temps entreprises dans le département de la Meuse par M. A. Poincaré] (*C. R.*, t. LXIV, 11 février 1867, p. 263).

197. [Sur les préparatifs qui avaient été faits pour l'observation de

l'éclipse du 6 mars 1867] (*C. R.*, t. LXIV, 18 mars 1867, pp. 556-558).

198. Considérations sur la position topographique de l'Observatoire de Paris. Lecture faite à l'Académie des Sciences à l'occasion du second anniversaire séculaire de la fondation de l'Observatoire en 1667 (*C. R.*, t. LXV, 11 novembre 1867, pp. 776-781).

199. Considérations sur les progrès de la théorie du système solaire et planétaire (*C. R.*, t. LXV, 25 novembre et 2 décembre 1867, pp. 878-884).

200. [Présentation du Tome XXII des *Annales de l'Observatoire* pour 1866. Forme nouvelle qui va être donnée à cette publication. Sur le Catalogue stellaire entrepris à l'Observatoire] (*C. R.*, t. LXV, 25 novembre 1867, pp. 873-876).

201. [Présentation de l'Atlas météorologique. Sur le service des avertissements météorologiques adressés aux ports] (*C. R.*, t. LXV, 2 décembre 1867, pp. 909-912).

202. Examen d'un travail présenté par *M. Delaunay*, relatif aux progrès de l'Astronomie en France. Quelques mots de réponse à des critiques du même auteur (*C. R.*, t. LXV, 2 décembre 1867, pp. 917-925) (T. à p. de 16 pp. extrait des séances des 25 novembre et 2 décembre 1867). *Voir* aussi pp. 978-979, 1014--1015 et 1082.

203. *Observatoire impérial.* — Notes administratives [pour MM. les Conseillers d'État exclusivement]. In-4° de 38 pp. (s. d.).

204. L'Observatoire de Paris, sa situation et son avenir (*C. R.*, t. LXV, 23 et 30 décembre 1867, pp. 1073-1082, 1106 et 1110; t. LXVI, 6 et 13 janvier 1868, pp. 21-29, 53-63, 68-76). (T. à p. de 40 pp.)

205. Éclipse totale du Soleil du 18 août 1868 (*C. R.*, t. LXVI, 3 février 1868, pp. 220-223 et 226). (T. à p. de 7 pp.)

206. Situation des entreprises météorologiques, avertissements, climats, orages, grêles et mouvements généraux de l'atmosphère (*C. R.*, t. LXVI, 3 février 1868, pp. 227-230).

207. La petite planète (96) [découverte par M. Coggia) (*C. R.*,
t. LXVI, 24 février 1868, pp. 337, 338 et 396).

208. Précis historique des travaux scientifiques accomplis par Léon
Foucault dans ses relations avec l'Observatoire impérial de
Paris (*C. R.*, t. LXVI, 2 mars 1868, pp. 380-389, 393-396 et
442).

209. Rapport fait au Sénat sur les trois lignes nouvelles de chemins
de fer, de Saint-Lô à Lamballe, Sablé à Châteaubriant, Laval
à Angers, concédées à la Compagnie de l'Ouest (*Moniteur
universel* du 24 juin 1868). (T. à p., in-8°, pp. 1-20.)

210. Historique des entreprises météorologiques de l'Observatoire
impérial de Paris, 1854-1867. Paris, 1868, in-4° de 76 pp. (Il
existe un tirage, au moins partiel, sous le titre : *Exposé des
travaux de l'Observatoire impérial de Paris, 1854-1867.
Météorologie.*) *Voir* n° 391.

211. *Observatoire impérial de Paris.* — Travaux des treize dernières années. In-4° (s. d.) de 8 pp.

212. Observations du passage de Mercure sur le Soleil, le 5 novembre au matin, faites à l'Observatoire de Marseille (*C. R.*,
t. LXVII, 2, 9 et 23 novembre 1868, pp. 868-871, 921-925,
947-948, 1009-1012).

213. [Sur la parallaxe du Soleil et les phénomènes physiques pré-
sentés par les passages de Mercure et de Vénus sur le Soleil]
(*C. R.*, t. LXVIII, 4 janvier 1869, pp. 49-50).

214. Les trépidations du sol n'altèrent pas les observations faites à
l'Observatoire de Paris (*C. R.*, t. LXVIII, 25 janvier 1869,
pp. 157-161. *Voir* aussi p. 220).

215. [Sur le système d'avertissements météorologiques de l'Observatoire de Paris] (*C. R.*, t. LXVIII, 1ᵉʳ février 1869, pp. 252-
253).

216. [Sur la constitution du Soleil] (*C. R.*, t. LXVIII, 8 février 1869,
pp. 314-320).

217. Question de l'Observatoire. Opinion de M. Le Verrier lue dans
la séance du 22 février 1869. In-4°, 32 pp.

218. [Question de l'Observatoire. Réplique de M. Le Verrier aux

objections produites dans les séances des 1er et 8 mars 1869.
In-4° de 43 pp.

219. [Sur le bain de mercure et sur sa stabilité à l'Observatoire de
Paris] (*C. R.*, t. LXVIII, 8 mars 1869, pp. 568-569).

220. Examen de la discussion soulevée au sein de l'Académie des
Sciences au sujet de la découverte de l'attraction universelle
(*C. R.*, t. LXVIII, 21 juin 1869, pp. 1425-1433. *Voir*
aussi pp. 893-894, 959, 973, 1005-1006, 1242-1243
et 1533; t. LXIX, 5, 12 et 16 juillet 1869, pp. 5-24, 70-
95, 213-230). (T. à p. de 92 pp.)

221. Réplique à M. Balard et à M. Chasles [faux autographes de
Newton, Pascal, Galilée] (*C. R.*, t. LXIX, 26 juillet et 16,
août 1869, pp. 239-248, 429-436).

222. [Sur la dépression du sol au nord-ouest de la France] (*C. R.*,
t. LXIX, 16 août 1869, pp. 444-445).

223. *Observatoire impérial de Paris.* — Rapport fait en décembre
1869. In-4° de 24 pp. (Premier rapport annuel de l'Observatoire de Paris.)

224. [Lettre de Le Verrier exposant sommairement ce qui s'est passé
sous sa direction et réclamant contre l' « acte d'accusation »
signé par les astronomes], 4 février 1870. 4 pp. in-4°.

225. Discours prononcé au Sénat le 8 février 1870, dans la question
de l'Observatoire (*Moniteur* du 9 février 1870, p. 273). Une
partie de ce discours fut reproduite dans le *Bulletin de
l'Association scientifique de France;* il existe de cette
reproduction partielle un tirage à part de 16 pp.

226. Aurore boréale du 5 avril 1870. Observations diverses (*C. R.*,
t. LXX, 11 avril 1870, pp. 818-823).

227. [Établissement de signaux pour le service des places fortes et
des armées en campagne] (*C. R.*, t. LXXII, 13 mars 1871,
pp. 269-270).

228. [Sur un bolide à grande durée d'apparition] (*C. R.*, t. LXXIII,
7 août 1871, p. 399).

229. Observations de l'essaim d'étoiles filantes du mois d'août, faites
pendant les nuits des 9, 10 et 11 août 1871, dans un grand
nombre de stations correspondantes (*C. R.*, t. LXXIII,
14 août 1871, pp. 413-419).

230. [Observations réduites d'étoiles filantes (*C. R.*, t. LXXIII,
11 septembre 1871, pp. 652-653, *Voir* pp. 730, 784, 1152).

231. Sur l'observation des essaims d'étoiles filantes des mois de
novembre et d'août et sur l'observation d'un bolide faite à
Trémont près Tournus, par MM. Lemozy et Magnien (*C. R.*,
t. LXXIII, 18 septembre 1871, pp. 730-732.

232. [Sur des recherches pour découvrir des manuscrits d'Aboul-
Wéfâ] (*C. R.*, t. LXXIII, 9 octobre 1871, p. 890).

233. [Sur la fondation d'un observatoire au sommet du Puy de
Dôme] (*C. R.*, t. LXXIII, 23 octobre 1871, p 1015).

234. Observation de l'essaim d'étoiles filantes de novembre, les 12,
13 et 14 [novembre 1871] dans les stations de l'Association
scientifique de France [et autres] (*C. R.*, t. LXXIII, 6, 20
novembre et 4 décembre 1871, pp. 1082-1085, 1194-1200,
1305-1306).

235. Sur la longitude de Rio de Janeiro] (*C. R.*, t. LXXIV, 29 janvier 1872, p. 312).

236. [Sur les séries météorologiques recueillies depuis un siècle à
l'Observatoire de Paris] (*C. R.*, t. LXXIV, 5 février 1872,
pp. 383-384. *Voir* aussi pp. 403, 504).

237. Mémoires sur les théories des quatre planètes supérieures :
Jupiter, Saturne, Uranus et Neptune (*C. R.*, t. LXXIV,
20 mai 1872, pp. 1305-1310).

238. [Sur les masses des planètes et la parallaxe du Soleil (*C. R.*,
t. LXXV, 22 juillet 1872, pp. 165-172),

239. Étoiles filantes des 9, 10 et 11 août 1872. (En commun avec
M. C. Wolf) (*C. R.*, t. LXXV, 12 août 1872, pp. 388-391).

240. Détermination des actions mutuelles de Jupiter et de Saturne,
pour servir de base aux théories respectives des deux planètes
(*C. R.*, t. LXXV, 26 août 1872, pp. 509-511).

241. Étoiles filantes du mois d'août [1872] (*C. R.*, t. LXXV, 26 août 1872, pp. 551-552).

242. Détermination des variations séculaires des éléments des quatre planètes : Jupiter, Saturne, Uranus et Neptune (*C. R.*, t. LXXV, 11 novembre 1872, pp. 1158-1159).

243. [Essaim extraordinaire d'étoiles filantes, apparu le 27 novembre 1872] (*C. R.*, t. LXXV, 2 décembre 1872, pp. 1552-1560).

244. Théorie du mouvement de Jupiter (*C. R.*, t. LXXVI, 17 mars 1873, p. 677).

245. Théorie de la planète Saturne (*C. R.*, t. LXXVII, 14 juillet 1873, p. 73).

246. *Travaux projetés et en voie d'organisation à l'Observatoire de Paris pour la reprise des études astronomiques.* Exposé fait au Ministre de l'Instruction publique [suivi du programme présenté en 1873]. In-4° de 44 pp., sans date.

247. Tables du mouvement de Jupiter, fondées sur la comparaison de la théorie avec les observations (*C. R.*, t. LXXVIII, 12 janvier 1874, p. 89).

248. [Présentation du Tome X des *Annales de l'Observatoire de Paris. Mémoires;* et remarques sur l'interruption de la publication depuis 1868] (*C. R.*, t. LXXVIII, 12 janvier 1874, p. 109).

249. [Sur les travaux de l'Observatoire de Marseille] (*C. R.*, t. LXXVIII, 2 février 1874, pp. 313-314).

250. Observation des étoiles filantes de novembre [1874] (*C. R.*, t. LXXIX, 16 novembre 1874, pp. 1114-1115).

251. [Sur la détermination de la vitesse de la lumière faite par M. Cornu à l'Observatoire] (*C. R.*, t. LXXIX, 14 décembre 1874, p. 1365).

252. Théorie nouvelle du mouvement de la planète Neptune. Remarques sur l'ensemble des théories des huit planètes principales : Mercure, Vénus, la Terre, Mars, Jupiter, Saturne, Uranus et Neptune (*C. R.*, t. LXXIX, 21 décembre 1874, pp. 1421-1427).

253. [Sur la parallaxe du Soleil déduite par Encke des passages de Vénus de 1761 et de 1769] (*C. R.*, t. LXXX, 1er février 1875, pp. 290-291).

254. Service météorologique des ports [nouvelle organisation] (*C. R.*, t. LXXX, 1er mars 1875, p. 538).

255. Sur les travaux en voie d'exécution à l'Observatoire (*C. R.*, t. LXXX, 28 juin 1875, pp. 1547-1552) (t. à p. de 6 pp.). *Voir* à ce sujet une réclamation de Ch. Sainte-Claire Deville, t. LXXXI, 5 juillet 1875, pp. 28-29, et une réponse de Le Verrier, p. 61.

256. Account of my planetary researches (*Month. Not. of the Astr. Soc.*, t. XXXV, 1875, pp. 153-156).

257. Comparaison de la théorie de Saturne avec les observations. Masse de Jupiter. Tables du mouvement de Saturne (*C. R.*, t. LXXXI, 23 août 1875, pp. 349-354).

258. Recherches sur Saturne. De la Masse de Jupiter (*C. R.*, t. LXXXI, 30 août 1875, pp. 381-384).

259. Résumé des observations du Soleil et des planètes Mercure, Vénus, Mars, Jupiter, Saturne et Uranus, faites à l'Observatoire de Paris pendant l'année 1874 [avec remarques sur l'existence de planètes intra-mercurielles] (*C. R.*, t. LXXXI, 20 septembre 1875, pp. 485-488).

260. [Organisation nouvelle du service départemental des avertissements météorologiques] (*C. R.*, t. LXXXII, 22 mai 1876, p. 1178).

261. Recherches astronomiques (suite) [Tome XII des *Annales* (*Mémoires*), contenant les Tables de Jupiter et de Saturne] (*C. R.*, t. LXXXII, 5 juin 1876, pp. 1280-1281).

262. [Sur les photographies de la Lune obtenues par M. Cornu à l'Observatoire] (*C. R.*, t. LXXXII, 12 juin 1876, p. 1365. *Voir* aussi t. LXXXIII, 3 juillet 1876, p. 46.

263. Note sur les planètes intra-mercurielles (réponse à M. Rudolf Wolf) (*C. R.*, t. LXXXIII, 11 septembre 1876, pp. 561-563).

264. Examen des observations qu'on a présentées, à diverses époques,

comme pouvant appartenir aux passages d'une planète intra-
mercurielle devant le disque du Soleil (*C. R.*, t. LXXXIII,
18, 25 septembre; 2, 16 et 30 octobre 1876, p. 583-589,
621-624, 647-650, 719-723 et 809).

265. Tables de la planète Uranus, fondées sur la comparaison de la
théorie avec les observations (*C. R.*, t. LXXXIII, 20 novembre
1876, pp. 925-926).

266. [Sur une étoile nouvelle et sur l'affaire du grand télescope]
(*C. R.*, t. LXXXIII, 4 décembre 1876, p. 1098).

267. [Sur le passage possible d'une planète devant le Soleil,
du 21 au 23 mars 1877] *C. R.*, t. LXXXIV, 26 février 1877,
pp. 366-367).

268. [Présentation, faite par Tresca au nom de Le Verrier, du
Tome VIII, année 1876, de l'*Atlas météorologique de l'Observatoire de Paris*] (*C. R.*, t. LXXXV, 17 septembre 1877,
p. 555).

269. Tables d'Uranus et de Neptune [présentées par M. Tresca]
(*C. R.*, t. LXXXV, 22 octobre 1877, p. 725-727).

270. [Communication d'une lettre de Le Verrier sur les planètes
intra-mercurielles] (*C. R.*, t. LXXXVII, 12 août 1878,
pp. 292-293).

PUBLICATIONS DE L'OBSERVATOIRE DE PARIS

FAITES

SOUS LA DIRECTION DE LE VERRIER.

Annales de l'Observatoire impérial [national] de Paris. — Mémoires. In-4°.

N°.	Tome.	Année de la publication.	Sommaire.	Nombre de pages et de planches.
271	I	1855	Rapport de l'Observatoire impérial de Paris et projet d'organisation (p. 1-68). — Recherches astronomiques.	vj + 419 et 1 pl.
272	II	1856	Recherches astronomiques (*suite*).	viij + 301 + [167] et 1 pl.
273	III	1857	(Mémoire de Villarceau sur le calcul des orbites). — Recherches astronomiques (*suite*).	vj + 316 et 1 pl.
274	IV	1858	Recherches astronomiques (*suite*). Théorie et Tables du Soleil. — (Mémoire de Lefort).	vj + 264.
275	V	1859	Recherches astronomiques (*suite*). Théorie et Tables de Mercure. — (Mémoires de Foucault, J.-A. Serret et E. Roche).	vj + 400 et 2 pl.
276	VI	1861	Recherches astronomiques (*suite*). Théorie et Tables de Vénus et de Mars.	vj + 435.

CENTENAIRE DE LA NAISSANCE

N°.	Tome.	Année de la publication.	Sommaire.	Nombre de pages et de planches.
277	VII	1863	(Mémoires de Y. Yillarceau, V. Puiseux, Desains et Charault, J. Bourget, Lœwy, Barbier).	vj + 396 et 7 p
278	VIII	1866	Longitudes, Latitudes, Azimuts. — (Mémoires de Houël et de M. C. Wolf).	vj + 399 et 3 p
279	IX	1868	Longitudes et Latitudes. — (Mémoires de Hirn, J. Bourget, A. Sédillot, Fouqué, Y. Villarceau, amiral La Roncière Le Noury.)	vj + 252 + A. + B.43 et 4
280	X	1874	Recherches astronomiques (*suite*) : actions mutuelles de Jupiter et de Saturne. — (Mémoires de MM. C. Wolf et André).	xiij + 304 + [6 + B.38 et
281	XI$_1$	1876	Recherches astronomiques (*suite*). Variations séculaires des éléments de Jupiter, Saturne, Uranus et Neptune. Théorie de Jupiter. Théorie de Saturne.	xij + 272 + [
282	XI$_2$	1876	Recherches astronomiques (*suite*). Théorie de Saturne. Perturbations d'Uranus et de Neptune.	vj + 273 à 5 et [25] à [13
283	XII	1876	Recherches astronomiques (*suite*). Tables de Jupiter et de Saturne.	xij + 76 + [17 + A.80 +
284	XIII	1876	Recherches astronomiques (*suite*). Perturbations d'Uranus, de Neptune. Théorie d'Uranus et de Neptune. — (Mémoires de Cornu et de Rayet).	xiv + 228 + [+ A.316 + et 7 pl.
285	XIV$_1$	1877	Recherches astronomiques (*suite*). Tables d'Uranus. — (Mémoires de MM. G. Leveau, Périgaud, de la Gournerie).	viij + A.92 + [+ B.28 + C + D.33.
286	XIV$_2$	1877	Recherches astronomiques (*suite*). Tables de Neptune. — (Mémoire de M. C. Wolf).	viij + 72 + [+ A.82 e

Annales de l'Observatoire impérial [national] de Paris.
Observations. In-4°.

N°.	Tome.	Année de la publication.	Sommaire.	Nombre de pages.
			Observations de :	
287	I	1858	1800 à 1829	lij + 391.
288	II	1859	1837 et 1838	lxxij + 362.
289	III	1862	1839 et 1840	vj + 24 + [338].
290	IV	1862	1841 et 1842	vj + 24 + [291].
291	V	1862	1843 et 1844	vj + 28 + [266].
292	VI	1863	1845 et 1846	vj + 28 + (192) + [164].
293	VII	1863	1847	vj + 28 + (144) + [124].
294	VIII	1863	1848 et 1849	vj + 32 + (192) + [136].
295	IX	1865	1850 et 1851	vj + 28 + (136) + [117].
296	X	1866	1852 et 1853	vj + 26 + (180) + [246].
297	XI	1869	1854 et 1855	viij + 34 + (208) + [229].
298	XII	1860	1856	x + 140 + [347].
299	XIII	1861	1857	viij + 64 + (20) + [418].
300	XIV	1861	1858	viij + 60 + (18) + [544].
301	XV	1861	1859	viij + 60 + (18) + [367].
302	XVI	1862	1860	viij + 52 + (16) + [310].
303	XVII	1863	1861	viij + 48 + (156) + [200].
304	XVIII	1863	1862	viij + 56 + (118) + [197].
305	XIX	1864	1863	x + 92 + A.92 + B.72 + C.36 + D.72 + E.56 + F.100 + G.32 + I.52 + J.20 + K.45.
306	XX	1865	1864	x + 76 + A.92 + B.92 + C.80 + D.32 + E.56 + F.44 + G.28 + H.8 + I.46.
307	XXI	1866	1865	viij + 76 + A.74 + B.72 + C.36 + D.10 + E.36 + F.27 + G.1 + H.46.

N°.	Tome.	Année de la publi- cation.	Sommaire.	Nombre de pages.
			Observations de :	
308	XXII	1867	1866	viij + 68 + A.48 + B.48 + C.34 + D.22 + E.16 + F.26 + G.47.
309	(XXIII)	(1871)	1867	viij + 60 + A.34 + B.50 + C.52 + D.52 + E.40 + F.32 + K.28 + M.48.
310	(XXIV)	(1880)	1868 et 1869	viij + 76* + 280 + [48] + C.90 + D.3.
311	(XXV)	(1881)	1870	viij + XXXII + 232 + E.32.
312		(1882)	1871	viij + 36 + A.116 + B.56 + C.32 + D.20 + E.4 + M.28.
313		(1882)	1872	viij + 48 + A.152 + B.72 + C.44 + D.24 + E.8 + F.14.
314		(1882)	1873	viij + 40 + A.120 + B.36 + C.28 + D.28 + E.8 + F.16.
315		(1876)	1874	viij + 80 + A.188 + B.52 + C.56 + D.28 + E.140 + F.24 + M.28 et 2 pl.
316		(1878)	1875	viij + 44 + A.212 + B.60 + C.56 + D.28 + F.12 + M.28.
317		(1879)	1876	viij + 44 + A.176 + B.68 + C.72 + D.32 + E.16 + F.28.
318		(1880)	1877	viij + 36 + A.108 + B.24 + C.16 + D.24 + E.16 + F.28.

Bulletin hebdomadaire de l'Association scientifique de France.

In-8°.

Première série.

N°.	Tome.	Date.		N°*.	Nombre de pages.
319	I	1865	Mars 1865 à Avril 1867	1 — 20	320
320	II	1867	2ᵉ Semestre	21 — 48	380
321	III	1868	1ᵘʳ Semestre	49 à 74	464
322	IV	1868	2ᵉ Semestre	75 à 100	448
323	V	1869	1ᵉʳ Semestre	101 à 126	424
324	VI	1869	2ᵉ Semestre	127 à 152	432
325	VII	1870	1ᵉʳ Semestre	133 à 178	440
326	VIII	1870	2ᵉ Semestre	179 à 204	344
327	IX	1871	Oct. 1871 à Mars 1872	205 à 230	432
328	X	1872	Avril 1872 à Sept. 1872	(231 à 256)	480
329	XI	1872	Oct. 1872 à Mars 1873	(257 à 282)	512
330	XII	1873	Avril 1873 à Sept. 1873	(283 à 308)	516
331	XIII	1873	Oct. 1873 à Mars 1874	(309 à 334)	440
332	XIV	1874	Avril 1874 à Sept. 1874	(335 à 360)	416
333	XV	1874	Oct. 1874 à Mars 1875	(361 à 387)	432
334	XVI	1875	Avril 1875 à Sept. 1875	(388 à 413)	416
335	XVII	1875	Oct. 1875 à Mars 1876	(414 à 439)	416
336	XVIII	1876	Avril 1876 à Sept. 1876	(440 à 465)	416
337	XIX	1876	Oct. 1876 à Mars 1877	(466 à 491)	416
338	XX	1877	Avril 1877 à Sept. 1877	(492 à 517)	416

Ce Volume XX est le dernier publié du vivant de Le Verrier. Voici les derniers Volumes de cette publication, terminée depuis 25 ans.

Tome.	Date.		N°*.	Nombre de pages.
XXI	1877	Oct. 1877 à Mars 1878	(518 à 543)	416
XXII	1878	Avril 1878 à Sept. 1878	(544 à 570)	416
XXIII	1878	Oct. 1878 à Mars 1879	(571 à 596)	420
XXIV	1879	Avril 1879 à Sept. 1879	(597 à 621)	404
XXV	1879	Oct. 1879 à Mars 1880	(622 à 647)	416

Deuxième série.

Tome.	Date.		N°*.	Nombre de pages.
I	1880	Avril 1880 à Sept. 1880	(1 à 26)	416
II	1880	Oct. 1880 à Mars 1881	(27 à 52)	420

N°.	Tome.	Date.			N°².	Nombre de pages.
»	III	1881	Avril 1881 à Oct. 1881		(53 à 78)	420
»	IV	1881	Oct. 1881 à Mars 1882		(79 à 105)	432
»	V	1882	Avril 1882 à Sept. 1882		(106 à 131)	424
»	VI	1882	Oct. 1882 à Mars 1883		(132 à 157)	412
»	VII	1883	Avril 1883 à Sept. 1883		(158 à 183)	412
»	VIII	1883	Oct. 1883 à Mars 1884		(184 à 209)	406
»	IX	1884	Avril 1884 à Sept. 1884		(210 à 235)	412
»	X	1884	Oct. 1884 à Mars 1885		(236 à 261)	428
»	XI	1885	Avril 1885 à Oct. 1885		(262 à 287)	416
»	XII	1885	Oct. 1885 à Mars 1886		(288 à 313)	422
»	XIII	1886	Avril 1886 à Oct. 1886		(314 à 340)	424
»	XIV	1886	Oct. 1886 à fin Mars 1887		(341 à 366)	424

Ce Tome XIV de la deuxième série est le dernier paru. Il donne en
tête le décret du 28 septembre 1886 fusionnant l'Association scientifique de France (fondée en 1864 par Le Verrier) avec l'Association
française pour l'Avancement des Sciences.

A la fin, avant la Table du Volume, on trouve les *listes chrono-
nologique et alphabétique des conférences faites à la Sorbonne
depuis l'année* 1878, époque de leur organisation après la mort de
Le Verrier.

Association scientifique de France. — Bulletin mensuel météorologique.

Ce Bulletin, rédigé par MM. Lemoine et Rayet sous la direction de
Belgrand, comprend les cinq Volumes suivants (format 21×14) dont
aucun n'a de Table; cette publication renferme seulement des observations météorologiques et n'a presque pas de texte.

N°.	Date.	Tome.		Nombre de pages.
339	1872	I	Décembre 1871 à Novembre 1872	519
340	1873	II	Décembre 1872 à Novembre 1873	697
341	1875	III	Décembre 1874 à Novembre 1874	773
342	1877	IV	Janvier-Décembre 1875	803
343	1878	V	Janvier-Décembre 1876	679

Bulletin météorologique (international) de l'Observatoire de Paris (lithographié).

Ce *Bulletin*, qui paraît avoir servi de modèle à ceux du même
genre publiés aujourd'hui dans beaucoup de grands pays, est sans

pagination, et n'a ni titre (¹) ni Tables, de sorte qu'il est maintenant fort difficile de s'assurer si une collection est complète.

Les renvois ne peuvent donc être faits qu'au moyen de la date.

344. Dès le 19 février 1855, Le Verrier communique à l'Académie des Sciences diverses cartes montrant l'état de l'atmosphère en France, d'après les renseignements fournis par l'Administration des Télégraphes (*voir* n° 210, p. 4).

En 1856, l'Observatoire reçoit télégraphiquement les observations de vingt-quatre stations françaises ; et ces observations sont insérées dans plusieurs journaux de Paris, notamment dans *La Patrie* (*voir* n° 113). Le Verrier se préoccupe de recueillir des observations à l'étranger.

345. Au moins dès le 1ᵉʳ octobre 1857, la publication du *Bulletin météorologique* était quotidienne et se faisait régulièrement ; et le numéro du lendemain renferme déjà des documents astronomiques (observations de la comète de Tuttle). Son titre était :

Administration générale   *Observatoire impérial*
des lignes télégraphiques.   *de Paris.*

Le (1ᵉʳ) octobre 1857 (²)   à 8ʰ du matin.

État atmosphérique de divers points de la France et de l'Étranger.

Ce titre disparaît le 10 juin 1858, et jusqu'au 16 avril 1863, chaque numéro porte seulement : *État atmosphérique le* (*Mardi* 29 *avril* 1862) — 7ʰ *m*[*atin*] (³).

Chaque numéro est tantôt une feuille 40 × 30 pliée en deux, lithographiée sur deux pages (30 × 20) en regard, tantôt une simple page 30 × 20, donnant, pour quatorze stations françaises et cinq étrangères (Bruxelles, Genève, Madrid, Rome, Turin), le baromètre, le thermomètre, le vent (direction et force) et l'état du ciel.

(¹) Certains volumes sont assemblés cependant par une couverture lithographiée.

(²) « Dès que nous en sommes venus, en 1857, à recevoir télégraphiquement les dépêches quotidiennes de l'étranger, nous nous sommes vus dans l'obligation d'en faire une copie autographique et de l'envoyer le même jour à nos correspondants.... Des extraits des observations météorologiques ainsi transmises sont insérées dans les journaux des diverses capitales de l'Europe. » LE VERRIER, dans le n° 210, p. 12.

(³) 8ʰ en hiver.

346-357. « A partir du 1er janvier 1858, dit Le Verrier lui-même, le
Bulletin s'accroît, devient régulier dans sa forme, et constitue
pour l'année un fort volume grand in-4°. » Le numéro du
17 avril a pour titre : OBSERVATOIRE IMPÉRIAL. *Bulletin du
17 avril* 1863; et de même dans la suite.

Jusqu'au 3 novembre 1863, le format reste de 30×20.
Chaque numéro est encore une simple feuille, lithographiée
d'un seul côté. Bientôt, il se compose de deux pages en
regard; quelquefois, il a même quatre pages lithographiées.

Les cartes synoptiques paraissent en 1863 : le numéro du
11 septembre donne ces cartes pour le 7 et le 10 de ce mois;
et, à partir du 16 septembre 1863, cette carte devient quotidienne; elle est d'abord en trait noir sur fond blanc, puis,
à partir du 4 novembre 1863, en trait noir sur fond vert.

358-363. Ce changement dans les cartes coïncide avec celui du format, porté à 37×24, et qui conserve ces dimensions jusqu'au
8 mars 1866.

A partir du 1er janvier 1864, le titre devient :
Bulletin international (¹) *de l'Observatoire de Paris.*

364-373. Le format est ensuite diminué à partir du 9 mars 1866 et
réduit à 25×19, dimensions qu'il conserve pendant toute la
première direction de Le Verrier, et même jusqu'au 11 mars 1870.

374. A partir du lendemain, il est porté à 30×23 et ne change plus.

375-389. Au 17 juin 1872, le titre devient :

Observatoire *de Paris.*	*BULLETIN INTERNATIONAL* *de l'Observatoire physique central de Montsouris* (²).

Alors paraît un numérotage, qui commence à 169 et qui
distingue les divers numéros de chaque année.

(¹) Le numéro du 24 novembre 1864 explique pourquoi le *Bulletin* a pris le
titre d'*international*.

(²) On ne doit pas le confondre avec le *Bulletin de l'Observatoire météorologique de Montsouris* (lithographié), fondé en 1869 par Ch. Sainte-Claire Deville;
il n'avait pas de carte et ne parut que jusqu'au 15 juin 1872 : il forme 6 Volumes.

Il y a eu aussi un *Bulletin météorologique mensuel de l'Observatoire de
Montsouris*, in-4°, de format 31×23 et typographié, dont le n° 1 porte la date
du 17 janvier 1872; à partir du n° 6 (juin 1872), il porte le Titre de : *Observatoire
de Paris. Bulletin mensuel de l'Observatoire physique central de Montsouris.*
Cette publication, terminée en 1877, forme 5 Volumes (Tomes I-V). Elle a été
continuée successivement par l'*Annuaire de Montsouris* (19 vol., 1872-1900), et
par les *Annales* de cet Observatoire, commencées en 1900.

Mais à partir du 30 mars 1873, ce *Bulletin* est de nouveau rattaché complètement à l'Observatoire de Paris, où il reste jusqu'à la fondation du *Bureau central météorologique*.

Bulletin international (*Supplément*). in-4°, format 23 × 18 lithographié.

390. Le premier numéro, daté du 9 mars 1866, annonce que « le *Bulletin international* et son supplément, réunis jusqu'à ce jour, paraîtront désormais en deux parties séparées.

« La première contiendra les observations météorologiques et les déductions journalières qu'on en tire; la seconde est destinée aux documents scientifiques ».

Cette seconde partie « également in-4°, paraîtra toutes les fois qu'il y aura utilité, en raison des documents et des nouvelles scientifiques. Avec cette disposition, nous pourrons, sans doute, tenir nos lecteurs au courant du mouvement de l'Astronomie et de la Physique du globe ».

Chaque Volume devait avoir 400 pages. Il semble que le premier Volume n'ait jamais été complètement terminé.

Atlas des mouvements généraux de l'Atmosphère.
Format 54 × 42, oblong.

	Date.	
391	1868	Année 1864, Juin-Décembre, avec introduction contenant l'historique des entreprises météorologiques, historique déjà indiqué sous le n° 210.
392	1869	Année 1865, quatre fascicules, un par trimestre.
393	1866	*Atlas des orages pour l'année* 1865, format 46 × 34, continué par le suivant.

Atlas météorologique de l'Observatoire de Paris. (Annuel)
Format 46 × 34, orages, pluies (Mémoires divers).

394	1867	Année 1866.
395	1868	Année 1867.
396	1869	Année 1868.
397	1874	Années 1869, 1870, 1871.
398	1875	Années 1872, 1873, 1874.
399	1877	Année 1875.
400-401	1877	Année 1876, t. VIII, 1 vol. de texte et 1 vol. d'atlas, format oblong 34 × 27.

Bulletin astronomique de l'Observatoire de Paris.

Ce Bulletin, en typographie et de format in-8° (24 × 16), commença de paraître en octobre 1871, mais ne survécut guère à Delaunay, qui le publiait : il se termine au n° 81 (4 février 1873) au moment où commence la seconde direction de Le Verrier.

Rapports annuels.

Rapport fait en décembre 1869, in-4° de 24 pages. *Voir* n° 223.

Rapport présenté à la Commission d'inspection par le Directeur de l'Observatoire, le 31 mai 1872 (Delaunay), in-4° de 12 pages.

Il ne semble pas que, dans la suite, Le Verrier ait publié d'autre rapport annuel, à moins de considérer comme tel l'*Exposé* indiqué sous le n° 246.

FIN.